Teubner Studienbücher

Die Paperbackreihe mit einführenden und weiterführenden
Lehrbüchern für das Studium, zur Vorlesung,
zur Prüfungsvorbereitung, zur Weiterbildung

Becker: **Gasdynamik**
248 Seiten. DM 16,80

Becker: **Technische Strömungslehre**
Eine Einführung in die Grundlagen und technischen Anwendunge
der Strömungsmechanik. 2. Auflage. 142 Seiten. DM 9,80

Becker/Piltz: **Übungen zur Technischen Strömungslehre**
120 Seiten. DM 9,80

Clegg: **Variationsrechnung**
138 Seiten. DM 10,80

Collatz: **Differentialgleichungen**
Eine Einführung unter besonderer Berücksichtigung
der Anwendungen. 4. Auflage. 226 Seiten. DM 16,80

Françon: **Physik für Biologen, Chemiker und Geologen**
Band 1 ca. 220 Seiten. ca. DM 16,—
Band 2 ca. DM 17,—

Fortsetzung 3. Umschlagseite

Grundlagen der Quantenphysik

1 Quantenmechanik

Von Dr. rer. nat. habil. G. HEBER
Prof. an der Techn. Universität Dresden

und Dr. rer. nat. habil. G. WEBER
Prof. an der Universität Jena

1971. Mit 24 Bildern

B. G. Teubner Stuttgart

Prof. Dr. rer. nat. habil. Gerhard Heber

1927 geboren in Dresden. 1946 bis 1950 Studium der
Physik an der TH Dresden und Friedrich-Schiller-
Universität Jena. 1951 Promotion, 1950 bis 1953
wissenschaftlicher Assistent, 1953 Habilitation,
1953 bis 1956 Dozent, 1956 bis 1960 Professor für
Theoretische Physik an der Friedrich-Schiller-
Universität Jena. 1960 bis 1966 Direktor des
Instituts für Theoretische Physik der Karl-Marx-
Universität Leipzig. 1963 bis 1964 Mitarbeiter am
Vereinigten Institut für Kernforschung Dubna bei
Moskau. 1966 bis 1968 Direktor des Instituts für
Theoretische Physik der TU Dresden, seit 1968
Direktor der Sektion Physik der TU Dresden.

Prof. Dr. rer. nat. habil. Gerhard Weber

1921 geboren in Langenwetzendorf/Thür. 1943 bis
1950 Studium der Physik an der Friedrich-Schiller-
Universität Jena. 1953 Promotion, 1960 Habilitation.
1950 bis 1960 wissenschaftlicher Assistent bzw.
Oberassistent, 1960 Dozent, 1962 Professor für
Theoretische Physik an der Universität Jena.
Arbeitsgebiet: Angewandte Quantentheorie,
Quantenchemie, Wechselwirkung von elektro-
magnetischer Strahlung mit atomaren Systemen.

ISBN 978-3-519-03026-3   ISBN 978-3-322-92738-5 (eBook)
DOI 10.1007/978-3-322-92738-5

Lizenzausgabe des BSB B. G. Teubner Verlagsgesellschaft, Leipzig
Copyright 1960 by BSB B. G. Teubner Verlagsgesellschaft, Leipzig

Herstellung: F. Ullmann KG, Zwickau/Sa.
Umschlaggestaltung: W. Koch, Stuttgart

VORWORT

Der Titel „Grundlagen der Quantenphysik" charakterisiert den Inhalt des vorliegenden sowie des nachfolgenden Teiles und die von uns verfolgte Absicht sicher nicht deutlich genug. Deshalb mag es gestattet sein, einige Erläuterungen zu geben.

Die „Grundlagen", die wir meinen, sind zweierlei Art: Sowohl die wichtigsten experimentellen Grundlagen der Quantenphysik als auch die wesentlichsten grundlegenden Begriffsbildungen der zugehörigen Theorie sollen dargestellt werden, wobei das Schwergewicht meist auf der Theorie liegen wird. Dabei ließen wir uns von folgendem Gedankengang leiten: Wie kann man die teilweise recht abstrakten Begriffsbildungen der Quantentheorie an Hand empirischen Materials als notwendig oder wenigstens vernünftig erkennen? Dieses Vorhaben ist allerdings praktisch nicht durchführbar, wenn man die historische Entwicklung der Quantenphysik berücksichtigen will. Wir haben deshalb die Entwicklung der Quantentheorie in der Einleitung kurz skizziert, halten uns aber in den späteren Kapiteln nicht mehr an die historische Reihenfolge.

Wir haben versucht, der Entwicklung dieser Disziplin bis in die Gegenwart hinein gerecht zu werden. Dies wird vor allem im Teil II, der die „Quantenfeldtheorie" beinhaltet, deutlich zu erkennen sein. Die Stoffauswahl wurde ganz vom obigen Gesichtspunkt aus getroffen. Die Beispiele wurden im allgemeinen nicht ihrer praktischen Bedeutung wegen aufgenommen, sondern weil man an ihnen besonders deutlich sieht, wie eine bestimmte Grundgleichung oder Begriffsbildung empirischen Tatsachen angepaßt ist.

Von philosophischer Seite war angeregt worden, darauf hinzuweisen, daß im philosophischen Sinne natürlich auch Licht zur Materie gehört. Wir halten es aber für unzweckmäßig, in einem physikalischen Text vom physikalischen Sprachgebrauch abzuweichen. Und in der Physik ist es seit langem üblich, alle Teilchen mit von Null verschiedener Ruhmasse unter dem Sammelbegriff

1*

„Materie" zu verstehen, während Teilchen mit Ruhmasse Null (Photonen) als „Licht"(-Teilchen) bezeichnet werden. (Die Neutrinos nehmen hierbei eine etwas unklare Zwischenstellung ein.) Man möge sich also bei der Lektüre des physikalischen Schrifttums stets vor Augen halten, daß der philosophische Materie-Begriff von dem physikalischen verschieden ist, wobei der Physiker nicht daran denkt zu behaupten, daß Licht weniger objektiv real sei als z. B. Elektronen oder Protonen.

Bei der Niederschrift haben wir am wenigsten an die Spezialisten auf dem Gebiet gedacht; vielmehr haben wir uns bemüht, für Studenten der Physik und Mathematik in höheren Semestern, aber auch für andere physikalisch Interessierte verständlich zu sein. Vorausgesetzt werden Kenntnisse aus der klassischen Physik und der Mathematik der Differentialgleichungen.

Nach der Lektüre dieser beiden Teile wird man noch nicht selbständig Quantentheorie treiben können. Aber es ist unsere Hoffnung, daß dem aufmerksamen Leser dieses Buches das Verständnis anspruchsvollerer Lehrbücher (siehe Literaturverzeichnis) und zeitgemäßer quantenphysikalischer Arbeiten erleichtert und er in die Lage versetzt wird, die weitere Entwicklung dieser in rascher Bewegung befindlichen und für die Menschheit nicht mehr ganz unwichtigen Disziplin selbständig zu verfolgen.

Dresden und Jena, im Januar 1971   *G. Heber G. Weber*

INHALTSVERZEICHNIS

EINFÜHRUNG

Als Geburtstag der Quantentheorie muß man den 14. 12. 1900 bezeichnen. An diesem Tage begründete nämlich *Max Planck* vor der Preußischen Akademie der Wissenschaften in Berlin seine zwei Monate vorher angegebene Formel für die Temperatur- und Frequenzabhängigkeit der Intensität der Wärmestrahlung und führte dabei erstmals die berühmt gewordene *Plancksche Quantenhypothese* ein. Diese Hypothese lautet:

Ein (harmonischer) Oszillator der Frequenz v kann nicht jede beliebige Energie besitzen, sondern nur ganzzahlige Vielfache der Einheit hv. Erlaubt sind einem solchen Oszillator also nur die Energieniveaus

$$\varepsilon_n = nh\nu; \quad n = \text{ganzzahlig}. \tag{1}$$

Die Größe h ist eine neue universelle Naturkonstante, die *Plancksche Konstante* oder das *Wirkungsquantum* mit dem Zahlenwert $h = 6{,}62 \cdot 10^{-27}$ erg · s.

Wie erwähnt, ermöglicht es diese Hypothese, die von *Planck* aufgefundene sog. *Strahlungsformel* abzuleiten; Planck hatte sie ursprünglich aus den experimentellen Resultaten von *Rubens* und *Kurlbaum* abgelesen. Man berechnet zu diesem Zweck die mittlere Energie $\bar{\varepsilon}$ eines Oszillators nach den Gesetzen der Boltzmannschen Statistik:

$$\bar{\varepsilon} = \frac{\sum\limits_{n=0}^{\infty} \varepsilon_n e^{-\beta \varepsilon_n}}{\sum\limits_{n=0}^{\infty} e^{-\beta \varepsilon_n}}; \quad \beta = \frac{1}{kT} \tag{2}$$

(k = Boltzmann-Konstante, T = absolute Temperatur). Setzt man (1) in (2) ein, so ergibt sich

$$\bar{\varepsilon} = -\frac{d}{d\beta} \ln \sum (e^{-\beta h\nu})^n = \frac{d}{d\beta} \ln (1 - e^{-\beta h\nu}) = \frac{h\nu}{e^{\beta h\nu} - 1}. \tag{3}$$

Wäre n nicht auf ganze Zahlen beschränkt, sondern beliebiger Werte fähig, so hätte sich statt (3) entsprechend dem bekannten Gleichverteilungssatz $\bar{\varepsilon} = kT$ ergeben. Führt man (3) in den Ausdruck für die mittlere Energie $\bar{E}$ des Strahlungsfeldes (s. § 1, f) an Stelle der dortigen mittleren Energie kT einer Eigenschwingung ein, so erhält man genau die *Plancksche Strahlungsformel:*

$$\bar{E} = \frac{8\pi V}{c^3} \, \frac{h\nu^3 \, d\nu}{e^{\frac{h\nu}{kT}} - 1} \, . \tag{4}$$

Dieses Gesetz (4) enthält als Grenzfälle die in § 1, f) bzw. § 2, e) aus der klassischen Wellen- bzw. Teilchentheorie des Lichtes abzuleitenden Formeln von *Rayleigh* und *Wien:* Für $\frac{h\nu}{kT} \ll 1$ wird (4) genähert

$$\bar{E} = \frac{8\pi V}{c^3} \, kT \cdot \nu^2 d\nu \quad (Rayleighsche\ Formel);$$

für $\frac{h\nu}{kT} \gg 1$ andererseits ergibt sich

$$\bar{E} = \frac{8\pi V}{c^3} \, h\nu^3 e^{-\frac{h\nu}{kT}} d\nu \quad (Wiensche\ Formel).$$

Es ist klar, daß die der Ableitung der experimentell völlig bestätigten Formel (4) zugrunde liegende Plancksche Hypothese eine radikale Abkehr von den klassischen Vorstellungen bedeutet: In der klassischen Physik galt der Leitsatz: *Die Natur macht keine Sprünge.* Hier aber darf ein schwingungsfähiges System (eine Eigenschwingung des elektromagnetischen Feldes) nur gewisse diskrete, voneinander durch endliche Stufen $h\nu$ getrennte Energiebeträge besitzen. Es muß also, wenn es in einen anderen Zustand übergehen soll, eine oder mehrere Stufen „hinauf-" oder „herunterspringen". Energie kann somit von diesem System nicht kontinuierlich aufgenommen oder abgegeben werden, sondern nur in gewissen kleinsten Portionen $h\nu$.

Einstein nannte diese Portionen *Lichtquanten;* diese sind ja, wenn obige Hypothese richtig ist, die kleinsten Einheiten elektromagnetischer Energie. Er zeigte am Beispiel des lichtelektrischen Effektes (1905), daß sich auch dort die Plancksche Hypothese bewährt. Wir gehen hierauf im § 2 genauer ein.

Einstein zeigte ferner, daß die Plancksche Hypothese anscheinend nicht nur für die Oszillatoren des elektromagnetischen Strahlungsfeldes zutrifft, sondern auch für die thermischen Schwingungen der Atome in einem festen Körper. Ihm gelang es nämlich (1907), den Abfall der spezifischen Wärme fester Körper vom Wert $3R$ pro Mol auf Null mit sinkender Temperatur zu erklären; dabei verwendete er die Formel (3) für die mittlere Energie $\bar{\varepsilon}$ eines Oszillators. Es ist nämlich

$$\frac{d\bar{\varepsilon}}{dT} = \begin{cases} k & \text{für } \dfrac{h\nu}{kT} \ll 1, \\[2ex] 0 & \text{für } \dfrac{h\nu}{kT} \to \infty, \end{cases}$$

während die klassische Theorie für $\dfrac{d\bar{\varepsilon}}{dT}$ den temperaturunabhängigen Wert k lieferte. Von $\dfrac{d\bar{\varepsilon}}{dT}$ gelangt man durch Multiplikation mit der Anzahl $3L$ der Schwingungsfreiheitsgrade der L Atome des festen Körpers zur spezifischen Wärme je Mol[1]) und erhält wegen $kL = R$ tatsächlich die richtigen Grenzwerte für hohe und tiefe Temperaturen.

Bohr lieferte 1913 den nächsten sehr wesentlichen Beitrag zur Entwicklung der Quantentheorie. Er zeigte nämlich, daß es unter Voraussetzung gewisser, der Planckschen Hypothese zum Teil verwandter Grundsätze möglich ist, die Schwierigkeiten des Rutherfordschen Atommodells zu beseitigen.

Rutherford hatte ja aus seinen Streuversuchen mit α-Teilchen geschlossen, daß die Atome einen sehr kleinen Atomkern (Durchmesser von der Größenordnung 10^{-13} cm) besitzen sollten, in dem praktisch die ganze Masse des Atoms und eine positive elektrische Ladung Ze konzentriert sind (e = Elementarladung, Z = Atomnummer = Ordnungszahl im Periodensystem der Elemente). Die positive Ladung des Kerns wird kompensiert durch negative Ladungen, die die äußeren Teile des Atoms bis zum Atomrand hin erfüllen. — Aus diesen Erfahrungen entstand das sog. *Rutherfordsche Atommodell:* Das Atom besteht aus *Kern*

---

1) Dabei ist allerdings angenommen, daß alle Eigenschwingungen des festen Körpers die gleiche Frequenz ν besitzen. Diese stark vereinfachende Annahme ist später beseitigt worden, was aber die oben diskutierten Grenzwerte nicht beeinflußt.

und *Hülle*. Der Atomkern trägt die Ladung Ze und vereinigt in sich fast die gesamte Masse des Atoms. Die Atomhülle dagegen wird von Z Elektronen gebildet, die im Abstand von etwa 10^{-8} cm den Kern planetenartig umkreisen.

Dieses empirisch gut begründete „Planetenmodell" des Atoms stieß aber u. a. auf eine sehr ernste Schwierigkeit: die Stabilität der Atome war theoretisch absolut nicht verständlich. Da nämlich die Elektronen bei ihren Umläufen um den Atomkern eine beschleunigte (nicht geradlinige!) Bahn durchlaufen, sollten sie nach den Gesetzen der klassischen Elektrodynamik ständig elektromagnetische Energie abstrahlen. Dabei würden sie aber immer weiter an den Kern heranrücken und schließlich in ihn hineinstürzen. Eine Überschlagsrechnung zeigt, daß schon nach etwa 10^{-8} s die Energie eines Elektrons etwa zur Hälfte abgestrahlt sein müßte. Die empirisch beobachtete Stabilität der Atome blieb somit völlig unverständlich.

Diese Schwierigkeit veranlaßte nun *Bohr*, folgende Überlegung anzustellen: Die Plancksche Quantenhypothese gilt in obiger Form zwar nur für den harmonischen Oszillator. Es könnte doch aber sein, daß auch für andere periodischer Bewegungen fähige Systeme eine ähnliche Regel gilt, daß also z. B. auch Systeme, wie das um ein Coulomb-Zentrum laufende Elektron, nicht jede beliebige Energie besitzen dürfen. Wenn es dann unter der Schar der quantentheoretisch erlaubten Niveaus ein tiefstes Energieniveau gibt, wird verständlich, weshalb dieser Zustand stabil ist: Das System kann im tiefsten Zustande ja keine Energie mehr abgeben, da es sonst in ein Gebiet mit verbotener Energie geraten würde. — Die Durchführung dieser Idee hängt natürlich vor allem davon ab, ob es gelingt, eine solche Regel für beliebige schwingungsfähige Systeme anzugeben und die zugehörigen Energieniveaus auszurechnen.

Die Aufstellung einer solchen Regel ist *Bohrs* großes Verdienst. Sie ist in den beiden *Bohrschen Postulaten* und im *Bohrschen Korrespondenzprinzip* enthalten. — Denken wir uns die zulässigen Energieniveaus durch natürliche Zahlen n (Quantenzahlen) charakterisiert (wie beim Planckschen Oszillator), $E = E(n)$, so können wir die Grundlagen der Bohrschen Theorie folgendermaßen formulieren:

1. Postulat: Für ein schwingungsfähiges System gibt es eine gewisse Reihe von Energieniveaus $E(n)$ (stationäre Zustände), in

denen das System, ohne Energie durch Strahlung abgeben zu müssen, existieren kann. Bei Energieabgabe oder Energieaufnahme „springt" das System von einem dieser Niveaus zu einem anderen, tiefer bzw. höher gelegenen (Quantensprünge).
2. Postulat: Die Frequenz v des bei einem Quantensprung emittierten bzw. absorbierten Lichts ist durch die Differenz der Energien $E(n_1)$, $E(n_2)$ des Systems vor und nach dem Sprung bestimmt:

$$hv = E(n_1) - E(n_2).\tag{5}$$

Korrespondenzprinzip: Für den klassischen Grenzfall (Makrophysik) soll die zu konstruierende Quantentheorie dieselben Aussagen liefern wie die betreffende klassische Theorie.

Zur Berechnung der stationären Energieniveaus kann in vielen Fällen folgender Weg eingeschlagen werden. In der klassischen Theorie beherrschen wir im Prinzip jedes sinnvolle System, können also die Frequenz v_{kl} einer bestimmten (periodischen) Bewegung angeben. Diese Frequenz ist im allgemeinen eine Funktion der Energie E des Systems, $v_{kl} = v_{kl}(E)$, und zugleich die Grundfrequenz des emittierten elektromagnetischen Spektrums, falls es sich um die Bewegung elektrisch geladener Teilchen handelt. Also sollte im klassischen Grenzfall v_{kl} mit der aus (5) erhaltenen quantentheoretischen Frequenz übereinstimmen:

$$v_{kl}(E) = \frac{1}{h}\lim\left[E(n) - E(n-1)\right].$$

Im klassichen Grenzfall werden aber benachbarte Energien, wie z. B. $E(n)$ und $E(n-1)$, sehr dicht beieinanderliegen, da praktisch die Energieniveaus in diesem Grenzfall ein Kontinuum bilden müssen. Das ist ja in der Makrophysik die Regel. Obige Klammer ist dann zu ersetzen durch $\frac{dE}{dn}$, so daß $v_{kl}(E) = \frac{1}{h}\frac{dE(n)}{dn}$ erscheint.[1]
Dies ist aber einfach eine Differentialgleichung für $E(n)$, wenn n vorübergehend als kontinuierliche Variable und $v_{kl}(E)$ als bekannte Funktion angesehen werden. Diese Differentialgleichung

$$\frac{dE}{v_{kl}(E)} = h\,dn\tag{6}$$

---

[1] Die größeren Quantensprünge $n_1 - n_2 > 1$ sollten mit den klassischen Oberschwingungen korrespondieren.

ermöglicht in vielen Fällen eine weitgehend willkürfreie Bestimmung der Energieniveaus $E(n)$. Dabei wird allerdings die zusätzliche Annahme gemacht, daß die aus (6) folgende Funktion $E(n)$ nicht nur im klassischen Grenzfall, sondern auch sonst die Energieniveaus festlegt. Der Erfolg bestätigt oft die Richtigkeit dieser Annahme. Wir geben hierfür zwei Beispiele:

1. Harmonischer Oszillator. Hier ist

$$v_{kl}(E) = \text{const} = v,$$

also

$$E(n) = h v(n+\alpha). \tag{7}$$

α ist eine willkürliche Integrationskonstante, die innerhalb der Bohrschen Theorie unbestimmt bleibt.[1]
Setzt man $\alpha = 0$ und läßt $n = 0, 1, 2, \ldots$ zu, so stimmt (7) ersichtlich mit (1) überein.

2. Wasserstoffatom. Nach *Rutherford* besteht dieses Atom aus einem Atomkern der Ladung e sowie einem Elektron der Ladung $-e$ und der Masse m. Die Bahn des Elektrons ist zufolge des Coulombschen Kraftfeldes für $E < 0$ eine Ellipse, in deren einem Brennpunkt der Atomkern steht. Nach bekannten Formeln hängt die Umlauffrequenz des Elektrons mit dessen Energie E gemäß $v_{kl} = \left(\dfrac{2\,|E|^3}{e^4\,m\,\pi^2}\right)^{1/2}$ zusammen. Nach Einsetzen in (6) folgt dann

$$E(n) = -\frac{2\pi^2 e^4 m}{h^2(n+\alpha)^2}. \tag{8}$$

Hier erhält man Übereinstimmung mit der Erfahrung, wenn man $\alpha = 0$ setzt und $n = 1, 2, 3, \ldots$ zuläßt. Diese Energieniveaus zeigt Abb. 1. Folgende Erfahrungstatsachen kann man dann mit (8) zwanglos deuten:

1. Die Energie des Grundzustandes des H-Atoms (Ionisierungsenergie E_0) ist darstellbar durch $E_0 = -\dfrac{2\pi^2 e^4 m}{h^2}$.

2. Der Radius der zugehörigen stabilen Elektronenbahn liegt in der Größenordnung des gaskinetisch bestimmten Atomradius.

---

1) Diese Unbestimmtheit von α ist ein Mangel der Bohrschen korrespondenzmäßigen Quantentheorie, den erst die Ableitung dieser Theorie aus der strengeren Quantenmechanik behob.
Für den harmonischen Oszillator (s. § 7, d) erhält man hierbei z. B. $\alpha = \frac{1}{2}$; ein Wert, der experimentell (spektroskopisch) völlig bestätigt ist.

3. Die Frequenzen des Linienspektrums des Wasserstoffatoms lassen sich nach (8) und (5) darstellen in der Form

$$\nu_{n_1,\,n_2} = R\left(\frac{1}{n_1^2} - \frac{1}{n_2^2}\right); \qquad R \doteq \frac{2\pi^2 e^4 m}{h^3}. \tag{9}$$

Dies ist aber gerade die gut bekannte Formel für die Absorptions- und Emissions-Frequenzen des Wasserstoffatoms; der Zahlenwert von R gemäß (9) stimmt gut mit dem empirisch bekannten Wert (Rydberg-Konstante) überein. — Diese Ableitung des Linienspektrums (9) darf wohl als die eindrucksvollste Leistung der Bohrschen Theorie des Wasserstoffatoms angesehen werden. Die Linienspektren der Elemente waren zwar schon oft Gegenstand theoretischer Versuche gewesen, die alle auf dem Boden der klassischen Physik standen; diese hatten jedoch zu keinem Erfolg geführt.

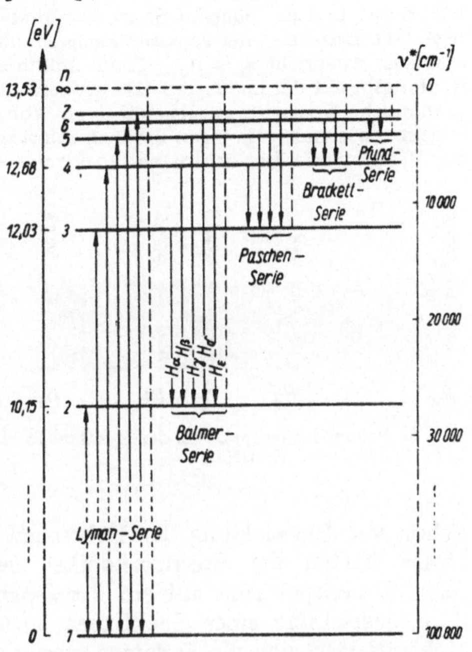

Abb. 1. Energieniveauschema des H-Atoms mit eingezeichneten Spektralserien

Bekanntlich zerlegt man das durch (9) dargestellte Linienspektrum gern in sog. Serien. Jede Serie ist durch einen festen Wert von n_1, aber beliebige Werte von n_2 gekennzeichnet. (Um keine Linie doppelt zu zählen, legt man noch $n_1 < n_2$ fest.) Die wichtigsten Serien des Wasserstoffs sind (vgl. Abb. 1):

Lyman-Serie $\qquad \nu_{1,\,n_2} = R\left(1 - \frac{1}{n_2^2}\right); \quad n_2 = 2, 3, 4, \ldots$

Balmer-Serie $\qquad \nu_{2,\,n_2} = R\left(\frac{1}{2^2} - \frac{1}{n_2^2}\right); \quad n_2 = 3, 4, 5, \ldots$

Paschen-Serie $\qquad \nu_{3,\,n_2} = R\left(\frac{1}{3^2} - \frac{1}{n_2^2}\right); \quad n_2 = 4, 5, 6, \ldots$

Brackett-Serie $\nu_{4,\,n_2} = R\left(\dfrac{1}{4^2} - \dfrac{1}{n_2^2}\right);\quad n_2 = 5, 6, 7, \ldots$

Pfund-Serie $\nu_{5,\,n_2} = R\left(\dfrac{1}{5^2} - \dfrac{1}{n_2^2}\right);\quad n_2 = 6, 7, 8, \ldots$

Jede dieser und der höheren Serien hat ähnliche Gestalt: Die Frequenzen liegen alle zwischen einer gewissen kleinsten und einer größten. Die kleinste Frequenz entspricht $n_2 = n_1 + 1$, die größte $n_2 = \infty$; letztere ist zugleich Häufungspunkt der Linien mit sehr großem n_2. Dieser Häufungspunkt wird gewöhnlich *Seriengrenze* genannt (vgl. Abb. 2).[1]) Die Lyman-Serie liegt übrigens, wie man aus obigen Formeln sofort ersehen kann, im Ultraviolett, die Balmer-Serie im sichtbaren Spektralbereich, während die Paschen-Serie und alle höheren Serien sich schon im Ultrarot befinden.[2]) In Absorption beobachtet man normalerweise nur die Lyman-Serie, denn nur sie entspricht Übergängen des Elektrons vom tiefsten Niveau $n = 1$ zu höheren Zuständen. In Emission dagegen treten nach entsprechender Anregung auch die anderen Linien auf (z. B. in der Glimmentladung).

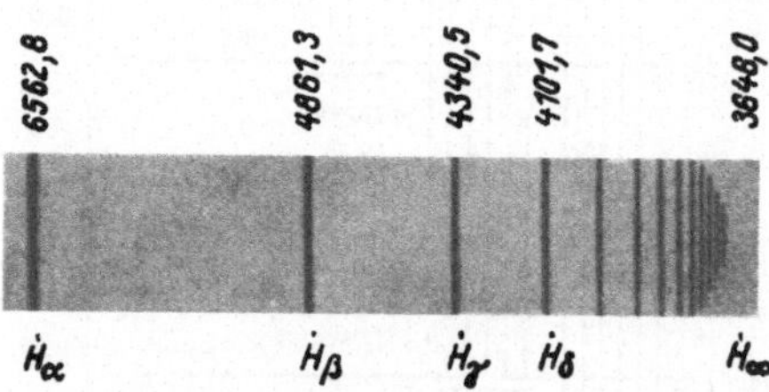

Abb. 2. Balmer-Linienspektrum des H-Atoms in Emission

Schon vor Entwicklung der Bohrschen Theorie des Wasserstoffatoms hatten die Spektroskopiker herausgefunden, daß sich *jedes* Linienspektrum auf ein *Termspektrum* zurückführen läßt; d. h., jede Linie eines Spektrums eines beliebigen Atoms oder Moleküls läßt sich als Differenz zweier *Termwerte*

$$\frac{\nu_{n_1, n_2}}{c} = \nu^*_{n_1, n_2} = T_{n_1} - T_{n_2}$$

darstellen. Dabei ist natürlich wesentlich, daß man von sehr vielen verschiedenen Frequenzen immer wieder zu denselben Termwerten gelangt, daß umgekehrt aber jede beliebige Kombination zweier Termwerte zu einer beobachteten Frequenz führt. Dies sieht ganz danach aus, als besitze die Bohrsche Frequenzformel (5) allgemeine Gültigkeit und als seien die spektroskopischen

---

1) An diese Seriengrenze schließt sich nach höheren Frequenzen zu das sog. Grenzkontinuum an, das der Ablösung des Elektrons, der Ionisation des Atoms (oder umgekehrt), entspricht. Hier treten keine diskreten Linien mehr auf, weil das freie Elektron jede beliebige Energie besitzen kann.
2) Hierbei benutze man die Zahlenwerte $e = (4{,}803 \pm 0{,}004) \cdot 10^{-10}$ es L; $m = 0{,}911 \cdot 10^{-27}$ g.

Termwerte T_n nichts anderes als die durch hc dividierten Energien der stationären Zustände der betreffenden Systeme.

Freilich sind die Spektren der Termwerte, die für kompliziertere Atome und erst recht für Moleküle erschlossen wurden, im allgemeinen viel komplizierter gebaut als beim Wasserstoff; doch wundert uns dies nicht, da ja auch die betreffenden atomaren Systeme verwickelter gebaut und die Elektronenbahnen schon rein klassisch schwer zu übersehen sind. Die Auswahl der quantentheoretisch richtigen unter den klassisch möglichen Bahnen wird dann gewiß auch kompliziertere Energieniveauschemata liefern.

Einige einfache Fälle aber lassen sich noch angeben, bei denen das Problem der Bestimmung der stationären Energieniveaus nicht wesentlich komplizierter ist als beim Wasserstoffatom. Es sind dies erstens die Ionen, die aus einem Elektron und einem Kern der Ladung Ze bestehen (z. B. He^+, Li^{++}, Be^{+++} usw.), und zweitens die Atome und Ionen, die aus einem Atomrumpf und einem Valenzelektron aufgebaut sind (Alkalien, Be^+, Mg^+, Ca^+ usw.). Bei ersteren bewegt sich das Elektron in dem Coulomb-Potential $U = -\dfrac{Ze^2}{r}$ statt im Wasserstoff-Potential $U = -\dfrac{e^2}{r}$.

Die Energieniveaus ergeben sich also aus denen des Wasserstoffatoms (8), indem man dort e^2 durch Ze^2 ersetzt. Die zugehörigen Spektren sind empirisch bestätigt. — Bei letzteren haben wir es nicht mehr mit einem Coulomb-Potential zu tun, weil das Valenz-Elektron ja bei seiner Bahnbewegung zum Teil in den Atomrumpf hineingerät. Die Überlegungen werden dann etwas komplizierter, können aber noch in gewisser Anlehnung an die Theorie des Wasserstoffatoms durchgeführt werden. Wir verzichten hier auf ihre Darstellung, erwähnen nur, daß sich bei diesen und vielen anderen Problemen der Bohrschen Theorie die vor allem von *Sommerfeld* gepflegte Methode der *Phasenintegral-Quantisierung* als nützlich erwiesen hat. Diese Methode besteht darin, daß man die Differentialgleichung (6) erfüllt, indem man das Phasenintegral

$$J = (n + \alpha)\,h \qquad (10)$$

(n ganz, α beliebig) setzt. Unter „Phasenintegral" versteht man hierbei die Größe $J = \oint p\,dq$; p ist der zur Koordinate q kanonisch konjugierte Impuls im Sinne der Hamiltonschen Mechanik;

das Integral ist auf einen geschlossenen Bahnumlauf des (periodischer Bewegungen fähigen) Systems zu erstrecken. Die Methode ist auf mehrere Freiheitsgrade zu verallgemeinern; dies sei jedoch nur erwähnt. — Die Phasenintegral-Methode läßt übrigens nochmals klar die Struktur der Bohrschen Theorie erkennen: Es werden zunächst *alle* klassisch möglichen Bahnen des betreffenden Systems aufgesucht. Dann wird durch die „Quantenbedingung" (10) oder (6) eine im allgemeinen diskrete Schar dieser Bahnen als *quantentheoretisch* erlaubt von den anderen abgesondert. Wir kommen hierauf später zurück. —

Für die weitere Entwicklung der Quantentheorie war wesentlich, daß schon 1914 die Bohrschen Ideen über die Existenz von stationären Energieniveaus in atomaren Systemen und über den Mechanismus der Lichtemission und -absorption experimentell geprüft und bestätigt werden konnten. Dies geschah durch die *Elektronenstoßversuche* von *Franck* und *Hertz*. — Es werden hierbei Elektronen definierter, aber variabler Energie ε erzeugt und z. B. durch ein Gas von Quecksilberatomen geleitet. Beim Durchgang durch ·das Gas erleiden die Elektronen Zusammenstöße mit den Gasatomen, die elastisch oder auch unelastisch sein können. Registriert wird die Zahl N der Elektronen, die eine gewisse Mindestenergie $\Delta\varepsilon$ zum Auffänger mitbringen. Charakteristisch ist die Abhängigkeit der Größe N von ε bei festem $\Delta\varepsilon$:

Mit ε wächst auch N von Null an, durchläuft aber bei einer gewissen Energie ε_1 ein Maximum, wonach N stark abfällt. Danach steigt N wieder an, erreicht ein zweites Maximum bei ε_2, fällt wieder stark ab usw. (Abb. 3). Das Auftreten einer $N(\varepsilon)$-Kurve dieser Art kann auf der Grundlage der Bohrschen Theorie so verstanden werden:

Bei unelastischer Streuung gibt ein Elektron des Elektronen-

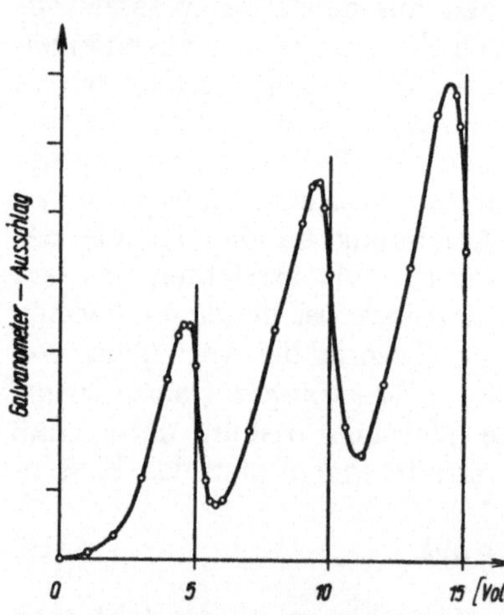

Abb. 3. Periodisches Auftreten langsamer Elektronen bei der Anregung der Atome des Hg-Dampfes durch Elektronenstoß nach *Franck* und *Hertz*

strahles einen Teil seiner Energie an ein Elektron der Atomhülle ab (wegen der relativ zur Elektronenmasse sehr großen Kernmasse braucht der Energieaustausch mit dem Atomkern nicht beachtet zu werden!). Elektronen in der Atomhülle können aber nicht jede beliebige Energie besitzen, also auch nicht jede beliebige Energie aufnehmen. Sind die stationären Niveaus des betreffenden Atomelektrons E_0, E_1, E_2, ..., so kann dieses Elektron nur Energiebeträge $\Delta E_1 = E_1 - E_0$, $\Delta E_2 = E_2 - E_0$,... aufnehmen, wenn es sich vor dem Stoß im Zustand E_0 befand. Ist folglich $\Delta E_1 > \varepsilon$, so tritt nur elastische Streuung auf; erst für $\varepsilon \geqq \Delta E_1$ können unelastische Prozesse stattfinden, bei denen ein Atomelektron in ein angeregtes Niveau springt. Das freie Elektron büßt dabei natürlich den Energiebetrag ΔE_1 ein, verliert also bei $\varepsilon = \Delta E_1$ seine gesamte Energie und wird nicht mehr am Auffänger registriert. Obige Größe ε_1 ist demnach gerade unser jetziges ΔE_1. Die anderen Maxima ε_i sind etwas verwickelter zu deuten, da hier mehrfache unelastische Streuung des gleichen Elektrons und Übertragung einer größeren Energie (z. B. ΔE_2) an das Atomelektron vermischt vorkommen. —

Gleichzeitig wird der mit dem Franck-Hertz-Versuch verbundene optische Effekt auf dem Boden der Bohrschen Theorie völlig verständlich. Man beobachtet nämlich das Aufleuchten einer bestimmten Linie des Hg-Gases, sobald $\varepsilon \geqq \varepsilon_1$ ist. (Bei noch größerem ε werden mehr Linien sichtbar, bis schließlich das gesamte Spektrum von Hg emittiert wird.) Dies rührt natürlich daher, daß jetzt einzelne Atomelektronen in angeregten Zuständen der Energie E_1 sitzen und von dort in ihren Grundzustand E_0 zurückkehren können unter gleichzeitiger Emission einer Linie der Frequenz $v = \frac{1}{h} \Delta E_1 = \frac{1}{h} \varepsilon_1$. Die experimentell vielfältig erwiesene quantitative Gültigkeit dieser Beziehung stellt eine schöne Bestätigung der Bohrschen Ideen dar.

Eine exakte Berechnung der stationären Niveaus der Elektronen in komplizierteren Atomen nach der Bohr-Sommerfeldschen Theorie ist jedoch nicht möglich. Die Lösung dieser Aufgabe würde ja die Lösung des Vielteilchenproblems der klassischen Mechanik voraussetzen, weil die Elektronen alle aufeinander mit Coulomb-Kräften wirken. Aber man kann einige qualitative Überlegungen in dieser Richtung anstellen, und um 1920 wurde von *Kossel*, *Lewis*, *Ladenburg*, *Bohr* und *Pauli* gezeigt, daß man auf diese Weise ein qualitatives Verständnis des Periodensystems erreichen kann.

Die wesentliche Vereinfachung des Problems wird durch die Annahme erreicht, daß alle Elektronen eines Atoms der Ordnungszahl Z sich unabhängig voneinander im Kernfeld $U = - \dfrac{Z e^2}{r}$ bewegen mögen. In dieser Näherung kann man die erlaubten Energien der einzelnen Elektronen sofort angeben (s. oben). Die einzelnen Elektronen dürfen also die Niveaus

$$E(n) = - \frac{2\pi^2 Z^2 e^4 m}{h^2 n^2} \tag{11}$$

besetzen. Energetisch tiefster Zustand ist wieder $n = 1$, und alle Niveaus sinken mit wachsendem Z immer tiefer ab. Die Konfiguration aller Elektronen eines beliebigen Atoms besitzt natürlich in unserer Näherung die tiefste Energie, bei der alle Elektronen im tiefsten Zustand $n = 1$ sitzen. Ein solcher Atomgrundzustand würde aber z. B. bedeuten, daß die Bindungsenergie der Elektronen an den Atomkern mit wachsendem Z monoton anstiege. Es würden also die charakteristischen Periodizitäten des Periodensystems schwer verständlich sein. — Hier greift ein neues Prinzip in die Atomphysik ein, das man *Pauli*- oder *Ausschließungsprinzip* nennt. Dieses Prinzip schließt nämlich eine sehr große Zahl von Elektronenkonfigurationen aus, die wir bisher noch für möglich gehalten hätten. Und zwar besagt dieses Prinzip genauer, daß in einem Atom nie mehr als $2 n^2$ Elektronen einen durch die Quantenzahl n gekennzeichneten Quantenzustand gleichzeitig besetzen können. — Später werden wir die Zahl $2 n^2$ etwas besser verstehen lernen und eine allgemeinere, auch für Moleküle und Festkörper gültige Fassung dieses Prinzips kennenlernen. Vorläufig begnügen wir uns mit obiger Formulierung, die ein ganz grobes Verständnis der Periodizitäten in den Eigenschaften der Atome ermöglicht.

Den Grundzustand eines Atoms erhält man nämlich jetzt, indem man unter Beachtung des Pauli-Prinzips die tiefsten Elektronenzustände sukzessive auffüllt. Man faßt die Elektronen mit gleicher Quantenzahl n gern als *Elektronenschale* zusammen und gibt diesen Schalen auch kurze symbolische Namen in Form von

Buchstaben:

$$n = 1 \quad 2 \quad 3 \quad 4 \quad 5 \quad 6 \quad 7$$
$$K \quad L \quad M \quad N \quad O \quad P \quad Q.$$

Geht man im Periodensystem von den leichten zu den schweren Atomen, so werden nach und nach die Schalen $K, L, M, N, \ldots$ aufgefüllt. Die Periodizitäten vieler Eigenschaften der Atome werden dann verständlich wegen der ähnlichen Struktur der zuletzt aufgefüllten, also energetisch ungünstigsten Schalen. Doch ist hierzu noch die Einführung von gewissen Unterschalen nötig, auf die wir erst später eingehen wollen (s. § 18).

An dieser Stelle werden wir das vorläufig gewonnene Bild vom Bau der Elektronenhülle der Atome dazu benutzen, die auffälligsten Eigenarten der Röntgenstrahlung der Atome zu erklären.

Die *Gesetzmäßigkeiten der Röntgenspektren* sind es ja gewesen, die das obige Bild vom Atom am deutlichsten nahegelegt haben; sie bilden einen eindeutigen Beleg für die Richtigkeit des Bohrschen Modells der komplizierteren Atome.

Beim Aufprall der genügend beschleunigten Elektronen einer Röntgenröhre auf die Anti-Kathode entstehen bekanntlich zwei verschiedene Röntgenstrahl-Komponenten: die sog. Bremsstrahlung und die sog. charakteristische Strahlung oder Eigenstrahlung. Erstere hängt nicht vom Material der Antikathode ab, sondern vor allem von der Beschleunigungsspannung; ihr Frequenzspektrum ist ein Kontinuum, das allerdings nach großen Frequenzen hin scharf abbricht. Auf diese Komponente werden wir später noch kurz zurückkommen. — Besonders interessant ist für uns aber im Augenblick die *Eigenstrahlung*, die vor allem vom Material der Antikathode abhängt und weniger von der Röhrenspannung. Sie besteht aus einer Reihe von diskreten Linien, deren Frequenzen sich beim Übergang zu Antikathoden-Materialien mit höheren Atomnummern gleichmäßig, ohne die geringste Periodizität, nach größeren Werten hin verschieben. (Das Fehlen der für den Atomrand [äußerste Elektronenschale] charakteristischen Schwankungen deutet schon darauf hin, daß wir es hier mit Besonderheiten der tieferen Schichten des Atoms zu tun haben!) Man teilt die Röntgenlinienspektren, ähnlich wie die sichtbaren Spektren der Atome, in *Serien* ein und unterscheidet eine K-, L-, M- und N-Serie. Nicht bei allen Elementen sind diese vier Serien

2*

gleichzeitig vertreten; wo aber zwei von ihneń zu sehen sind, gilt für ihre relative Lage auf der Frequenzskala stets

$$\nu_K > \nu_L > \nu_M > \nu_N.$$

Die härtesten Röntgenstrahlen der Eigenstrahlung entstammen also immer der K-Serie.

Diese Fakten lassen sich mit Hilfe des Bohrschen Atommodells ganz zwanglos auch quantitativ verstehen. Man hat nur folgenden Entstehungsprozeß der Röntgeneigenstrahlung zugrunde zu legen: Bei Anregung der K-Serie wird durch ein Kathodenstrahl-Elektron zunächst ein Elektron der K-Schale ($n=1$; s. oben) des betreffenden Atoms auf eines der höheren, unbesetzten Energieniveaus befördert. Sodann wird die entstandene Lücke durch eines der Elektronen der nächstbenachbarten Schalen, also der L-, M- oder N-Schale, ausgefüllt, und bei diesem Quantensprung wird die Röntgenlinie K_α, K_β bzw. K_γ des betreffenden Elementes emittiert. Entsprechend entstehen bei Entfernung eines L-Elektrons und anschließendem Übergang eines Elektrons

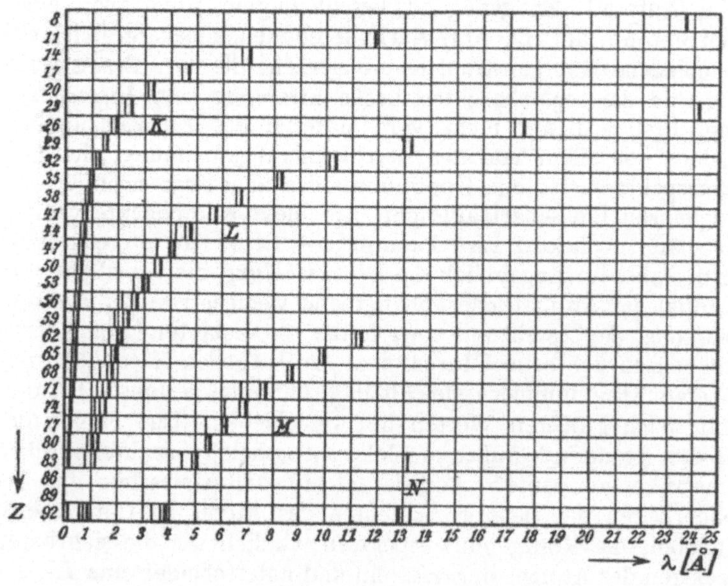

Abb. 4.   Lage der wichtigsten Röntgenlinien der einzelnen Elemente

aus der M- bzw. N-Schale in das L-Niveau die Linien L_α bzw. L_β der L-Serie usw. — Die monotone Abhängigkeit der Frequenzen dieser Linien von der Atomnummer (Abb. 4) beruht natürlich darauf, daß die betreffenden Energieniveaus gemäß (11) proportional Z^2 sind. Diese Gesetzmäßigkeit ist experimentell gut bestätigt. (Über die Methoden der Wellenlängenbestimmung bei Röntgenstrahlen siehe § 1, d.)

Einige Worte seien noch über den Ursprung des *Röntgenbremsspektrums* gesagt. Wie der Name schon zum Ausdruck bringt, handelt es sich hierbei um einen Bremsvorgang, und zwar den des Abbremsens der Kathodenstrahl-Elektronen beim Aufprall auf die Antikathode. Die kinetische Energie dieser Elektronen wird dabei zum Teil in elektromagnetische Strahlung umgesetzt. Nach der Bohrschen Formel $h\nu = \dfrac{p_1^2}{2\,m} - \dfrac{p_2^2}{2\,m}$ kann ν nicht beliebig groß werden (im Gegensatz zur klassischen Elektronentheorie dieses Vorgangs!), da p_1 als Anfangsimpuls der einfallenden Elektronen durch die Röhrenspannung V festgelegt ist und der Endimpuls p_2 höchstens Null werden kann. Die größte Frequenz ν_g, die bei der Beschleunigungsspannung V auftreten kann, ist demnach bestimmt durch

$$h\nu_g = \frac{p_1^2}{2\,m} = eV. \tag{12}$$

Daß alle Frequenzen $\nu \leqq \nu_g$ vorkommen können, erhellt daraus, daß p_2 jeden der Werte $0 \leqq p_2 \leqq p_1$ annehmen kann.

Wir könnten noch eine große Anzahl von Beispielen für die Erfolge der Bohr-Sommerfeldschen Quantentheorie der Atome anführen (vgl. hierzu [1], [2], [3a] und [4]), doch möchten wir hierauf verzichten. Wir tun dies deshalb, weil wir im Rahmen dieses Büchleins die *moderne* Quantenphysik betrachten wollen. Diese aber arbeitet längst nicht mehr mit den Begriffen der Bohrschen Quantentheorie, sondern mit denen der Wellenmechanik, der Matrizenmechanik und der Quantentheorie der Wellenfelder: Es erscheint seit Jahren wohl keine quantenphysikalische Arbeit mehr, die dem bis jetzt skizzierten Ideenkreis angehört. Damit soll keinesfalls die außerordentliche Fruchtbarkeit jener Theorie in Abrede gestellt werden. Es ist anzunehmen, daß die moderne Quantenphysik ohne die Bohrsche Theorie kaum entstanden wäre. Wir möchten lediglich zum Ausdruck bringen, daß man die korrespondenzmäßige Quantenphysik wohl doch nicht mehr als modern im engeren Sinne bezeichnen kann. Insbesondere wird auf sie in der aktuellen Forschung praktisch kein Bezug mehr genommen. Wir sind aber darüber

hinaus der Ansicht, daß dieser Abschnitt der Entwicklung der
Quantenphysik auch im Unterricht weitgehend umgangen werden
könnte: Es gibt heute Möglichkeiten, die moderne Quantenphysik dem Lernenden nahezubringen, ohne den weiten Weg
über die älteren Formen dieser Disziplin zu benutzen. Auf diese
Weise kommt man direkter zum modernen Standpunkt, ohne
nach unserer Meinung an Überzeugungskraft zu verlieren, und
spart wertvolle Zeit.

Das vorliegende Bändchen stellt, wie schon im Vorwort erwähnt,
einen Versuch in dieser Richtung dar. Wir wollen also in den
nächsten Kapiteln möglichst direkt und trotzdem überzeugungs-
kräftig die *modernen Quantenvorstellungen* entwickeln. Deshalb
haben wir den obigen kurzen Abriß der Bohrschen korrespondenzmäßigen Quantenphysik in die Einführung genommen. Wir
werden unten kaum wesentlich hierauf zurückkommen, möchten
aber hier die in den folgenden Kapiteln nicht so deutlich wer-
denden historischen Zusammenhänge wenigstens skizzieren. Wenden wir uns nun wieder diesem entwicklungsgeschichtlichen
Überblick zu!

Anfang der zwanziger Jahre wurde klar, daß die Bohr-Sommer-
feldsche korrespondenzmäßige Quantentheorie auf gewisse Fragen keine befriedigende Antwort erteilen kann. So ließ sich das
nächst dem Wasserstoff einfachste Atom, das Helium, mit seinem
eigenartigen doppelten Termspektrum auf der Grundlage der
Bohrschen Theorie nicht verstehen. Auch eine Behandlung des
einfachsten Moleküls, des H_2-Moleküls, gelang nicht in befriedigender Weise. Nach diesen und anderen Mißerfolgen begann
man wieder stärker, die Grundlagen der Quantentheorie zu
untersuchen. Wir bemerkten ja oben schon, daß diese Grundlagen recht eigenartig sind: Die Bohrschen Quantenpostulate
erscheinen der klassischen Mechanik gewissermaßen „aufge-
pfropft". Man hoffte deshalb eine bessere Quantentheorie für
die Bewegung von Elektronen und anderen atomaren Teilchen
zu erhalten, indem man klassische Mechanik und Quantenpostulate zu einer organischen Einheit verschmolz. Tatsächlich ist
diese Hoffnung sehr schön in Erfüllung gegangen.

Die erste einheitliche Form der Quantenmechanik gab *Heisenberg* 1925 an. Es ist dies die sog. *Matrizenmechanik*, auf die wir
in § 14 kurz eingehen werden. Bald nach *Heisenberg*s Veröffent-
lichung erschienen 1926 *Schrödinger*s erste Arbeiten über eine

zweite Form der Quantenmechanik. Diese zweite Form war auf *de Broglie*s kühne Annahmen über Materiewellen aus dem Jahre 1924 fundiert und wird gewöhnlich *Wellenmechanik* genannt. Mit ihr werden wir uns im Kapitel C eingehend beschäftigen. Ihre Richtigkeit wurde 1927 durch den Nachweis der Materiewellen *(Davisson, Germer, Thomson)* direkt demonstriert; vorher war schon durch indirekte Methoden sehr viel Material beigebracht worden, das sowohl Wellen- als auch Matrizenmechanik stützte. Außerdem erkannte man sehr bald, daß Matrizen- und Wellenmechanik nur zwei verschiedene mathematische Formulierungen der gleichen Gesetzlichkeit sind, die man in ihrer abstrakten Form *Quantenmechanik* zu nennen pflegt. Vgl. hierzu § 16. (Diese abstrakte, allgemeine Fassung der Quantenmechanik ist eine sehr schöne Gemeinschaftsleistung einer ganzen Reihe von ausgezeichneten Forschern; wir nennen: *Bohr, Born, Dirac, Heisenberg, Jordan.*)
In der Folge wurde die Theorie ständig mit großem Erfolg auf die verschiedensten Probleme der Physik der Atome, Moleküle und Festkörper angewandt; es setzte eine ungeheure Entwicklung in die Breite ein, die wir in diesem Bändchen vollständig unterdrückt haben. Wir wollen hier vielmehr die *Voraussetzungen* für das Verständnis der betreffenden speziellen Arbeiten zu schaffen versuchen. Diese Entwicklung in die Breite wird im Grunde nur durch zweierlei begrenzt: einerseits durch die auftretenden mathematischen Komplikationen, die eine Anwendung auf zu komplizierte Systeme (z. B. Vielteilchensysteme) auch heute noch weitgehend ausschließen, andererseits aber durch die natürliche Begrenzung der Theorie. Auf diese natürliche Grenze der Quantenmechanik kommen wir sogleich zurück; wir möchten jedoch zunächst noch auf die schöne Ableitung der Eigenschaften des *Elektronenspins* aus einer relativistischen Quantenmechanik hinweisen, die *Dirac* 1928 angab (s. §§ 23 und 24). Zuvor hatte man ja die Eigenschaften des Elektronenspins weitgehend hypothetisch einführen müssen.
Soeben wurde von einer natürlichen Begrenzung der Quantenmechanik gesprochen. Wir meinen die in dieser Theorie wesentliche Voraussetzung, daß Zahl und Art der zu untersuchenden Teilchen während des Ablaufs des diskutierten Vorgangs unverändert bleiben müssen. Damit ist die Behandlung des elektromagnetischen Feldes mit den Mitteln der Quantenmechanik

ausgeschlossen. Es handelt sich eben um eine Quantenmechanik, nicht um eine Quantentheorie des Lichtes. In eine *Quantentheorie des Lichtes* muß nämlich unbedingt die Tatsache eingearbeitet sein, daß Licht emittiert und absorbiert, also Lichtquanten entstehen und vergehen können; die Zahl der Lichtteilchen (= Lichtquanten) ist demzufolge im allgemeinen nicht konstant. — Aber auch die gesamte moderne Physik der kosmischen Strahlen und der Atomkerne verlangt eine Aufgabe der erwähnten Voraussetzungen über Teilchenzahl und -art: Gegenstand des größten Teiles dieser Arbeiten ist ja das Studium der *Umwandlungen der verschiedensten Teilchen ineinander.* Man denke etwa an die Umwandlung eines Lichtquants in 1 Elektron und 1 Positron oder an den reziproken Prozeß oder an die vielgestaltigen Umwandlungen der Mesonen ineinander bzw. in Elektronen, Lichtquanten und Neutrinos.

Tatsächlich existiert schon seit 1929 (erste Arbeit von *Heisenberg* und *Pauli*) eine Quantentheorie, die beliebige Teilchenzahlen zuläßt. Es ist dies die *Quantentheorie der Wellenfelder* oder kurz: die *Quantenfeldtheorie.* Wir gehen auf diese Begriffsbildungen im Teil II genauer ein und möchten hier nur einen wesentlichen Punkt aller dieser Theorien andeuten.

Die Quantenfeldtheorie des Elektromagnetismus (Quantenelektrodynamik) z. B. erhält man aus der klassischen Maxwellschen Theorie formal dadurch, daß man die Feldgrößen $\mathfrak{E}$ und $\mathfrak{H}$ nicht mehr als gewöhnliche Raum-Zeit-Funktionen ansieht, sondern als Gebilde, die das kommutative Gesetz der Multiplikation im allgemeinen nicht befolgen. (Solche Gebilde sind *Matrizen* oder *Operatoren.*) Die Gesamtenergie $E \sim \int (\mathfrak{E}^2 + \mathfrak{H}^2)\, d\tau$ wird dann natürlich auch ein Operator, wodurch die Existenz von Photonen zum Ausdruck gebracht wird. Entsprechend wird in einer Quantenfeldtheorie der Materie die zur Charakterisierung des klassischen Materiefeldes einzuführende Feldgröße ψ (s. § 7) durch einen Operator zu ersetzen sein. Die Materiemenge $\int \psi^* \psi\, d\tau$ wird dann ebenfalls zu einem Operator, wodurch die Existenz der betreffenden diskreten Elementarteilchen zum Ausdruck kommt, wie später (Teil II) ausgeführt wird. Die Anzahl der Teilchen kann jedoch hierbei beliebig und variabel sein.

Abschließend empfehlen wir, daß der Leser sich von der etwas abstrakten und formal nicht ganz einfachen Gestalt der Quanten-

feldtheorien nicht abschrecken lassen möge: Diese Begriffsbildungen sind zur Zeit die einzigen, die dem schon jetzt so außerordentlich interessanten Tatsachenmaterial über die Umwandlungen der verschiedenen Elementarteilchen ineinander evtl.
gerecht werden können. In Verbindung mit der raschen Entwicklung unserer Kenntnisse über die kosmischen Strahlungen
und den Kernaufbau sind auf diesem zwar sehr schwierigen Gebiet wohl doch künftig die wichtigsten und interessantesten Fort-
schritte der Quantenphysik zu erwarten.

A. DUALISMUS DES LICHTES

Die Entwicklung der Lehre vom Licht ist ein sehr interessantes und spannendes Kapitel der Geschichte der Physik. Im 18. Jahrhundert standen sich erstmalig zwei sich widersprechende Auffassungen von der Natur des Lichtes „feindlich" gegenüber: die *Huygenssche Wellentheorie* (1678) und die *Newtonsche Teilchentheorie* (1704). Newtons Autorität sicherte für das 18. Jahrhundert der Teilchentheorie die Vorherrschaft. Als aber *Young* (1801) die Interferenzerscheinung bei den Lichtausbreitungsvorgängen entdeckte und qualitativ mit Hilfe der Wellenvorstellung erklären konnte und *Fresnel* (1819) das Huygenssche Prinzip der Wellenausbreitung in verbesserter Form auf Beugungs- und Interferenzerscheinungen anwendete, trat die Wellentheorie wieder in den Vordergrund und beherrschte das 19. Jahrhundert. Besonders trugen dazu noch die Messungen der Lichtgeschwindigkeit in verschiedenen Medien bei (*Foucault*, 1850), die den Voraussagen der Newtonschen Teilchentheorie völlig widersprachen, dagegen die Schlußfolgerungen der Wellentheorie bestätigten. Stark gefestigt wurde die Stellung des Wellenbildes durch die *elektromagnetische Lichttheorie Maxwell*s (1862) und deren *experimentelle Bestätigung* durch *Hertz* (1888), und als besonderer Triumph ist wohl die Erkenntnis der Wellennatur einmal der *Röntgenstrahlen* mit Hilfe der Kristallinterferenzen durch *von Laue, Friedrich* und *Knipping* (1912) und zum anderen der γ-Strahlen durch Beobachtung von Interferenzen an Kristallen bei streifendem Einfall durch *Andrade* und *Rutherford* (1914) anzusehen. Es war damit das vollständige elektromagnetische Spektrum von den längsten elektrischen Wellen über die Wärmestrahlung, ultrarote, sichtbare, ultraviolette Strahlung und Röntgenstrahlung bis zu den kürzesten Wellen der γ-Strahlung bekannt geworden. Aber zur Zeit dieses Höhepunktes des Wellenbildes meldete auch das Teilchenbild wieder Geltungsansprüche an, nämlich bei Erforschung bestimmter Wechselwirkungen zwischen Strahlung und Materie. Zur theoretischen

Deutung des *äußeren lichtelektrischen Effektes (Photoeffekt)*, der von *Hertz, Hallwachs* und vor allem von *Lenard* experimentell erforscht worden war, übertrug *Einstein* (1905 bis 1909) die Plancksche Quantenvorstellung auf die Strahlung selbst. Er führte den Begriff des *Lichtquants* oder *Photons* ein und schuf damit für das Teilchenbild des Lichtes eine neue Grundlage. Diese neue quantenhafte Auffassung des Lichtes hat sich seitdem auch mehrfach bewährt (Compton-Effekt, Schwankungserscheinungen im Strahlungsfeld). Die Situation ist somit heute die, daß man sowohl das Wellen- als auch das Teilchenbild zur Behandlung von Vorgängen bei der Strahlung heranziehen muß; man spricht von einem *Dualismus des Lichtes*. In diesem Kapitel sollen die dualen Erscheinungsformen der Strahlung an Hand einiger, zum Teil in obiger Übersicht schon erwähnten Beispiele genauer erläutert werden.

§ 1. Wellencharakter des Lichtes

Alle Versuche zur Erforschung einer Strahlung, die zu Interferenzerscheinungen führen, beweisen deren Wellencharakter. Aus der Vielzahl der praktisch zur Verwendung kommenden Interferenzanordnungen soll hier nur diejenige zur Besprechung ausgewählt werden, die in fast allen Spektralbereichen größte Bedeutung erlangt hat: das *Beugungsgitter*.

a) Eindimensionales Gitter (Strichgitter)

Die einfachste Gitterart stellt das eindimensionale Strichgitter dar, das durch Einritzen paralleler Striche in gleichmäßigem Abstand in eine Glasplatte (Transmissionsgitter) oder in eine spiegelnde ebene Metallfläche (Reflexionsgitter) hergestellt werden kann.
Die von einem Transmissionsgitter in einem hinreichend großen Abstand auf einem Schirm hervorgerufene Interferenzerscheinung kann auf folgende Weise verstanden werden: Es falle paralleles monochromatisches Licht (Wellenlänge λ) auf ein Gitter unter dem Winkel α_0 mit der Gitterebene ein (Abb. 5; es sind einige Strahlen gezeichnet). Von jedem Gitterstrich ausgehend

können wir uns eine Elementarwelle denken. Die von verschiedenen Gitterstrichen herkommenden Elementarwellen sind miteinander interferenzfähig, da sie gemeinsam von einer Welle erregt wurden.

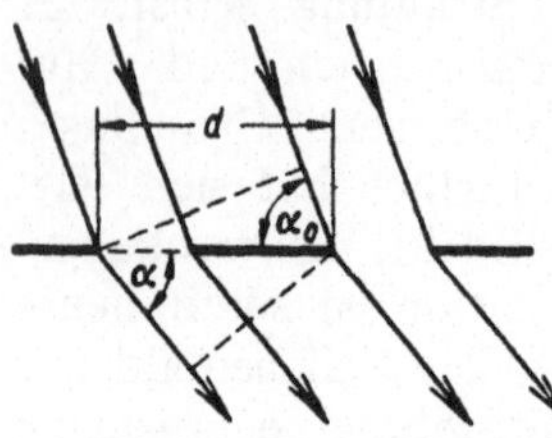

Abb. 5. Zur Beugung am eindimensionalen Gitter

Wir erhalten in einer durch den Winkel α mit der Gitterebene bestimmten Richtung auf dēm Auffangschirm maximale Helligkeit, wenn sich dort die Elementarwellen günstig überlagern, d. h., wenn die Phasendifferenz der Elementarwellen benachbarter Gitterstriche ein geradzahliges Vielfaches von π beträgt oder, wie man es gern ausdrückt, wenn der Gangunterschied dieser Wellen ein ganzzahliges Vielfaches von λ ist. Bezeichnet d die Gitterkonstante (Abstand benachbarter Gitterstriche), so ergibt sich der Gangunterschied zu $d (\cos \alpha - \cos \alpha_0)$, und wir finden in der Richtung α ein Beugungsmaximum, wenn die Bedingung

$$(\cos \alpha - \cos \alpha_0) = k\,\frac{\lambda}{d} \qquad (k = 0, \pm 1, \pm 2, \ldots) \qquad (1.1)$$

erfüllt ist. $k = 0$ liefert das ungebeugte Licht, $k = \pm 1$ die Maxima 1. Ordnung usw. Zwischen den Maxima herrscht an den Stellen größte Dunkelheit, an denen der Gangunterschied. halbzahlige Vielfache von λ beträgt. Man kann aus (1.1) schließen, daß nur dann ein deutliches Beugungsbild zu erwarten ist, wenn die Gitterkonstante d und die Wellenlänge λ von gleicher Größenordnung sind $(d > \lambda)$. Man muß das Gitter der Wellenlänge der zu untersuchenden Strahlung anpassen. Das Auftreten von λ in der Bedingung (1.1) bedeutet weiterhin, daß bei gegebenem Gitter für jedes λ die Maxima an einer anderen Stelle liegen. $(\cos \alpha - \cos \alpha_0)$ ist um so größer, je größer λ ist (Rot wird stärker gebeugt als Violett). Da die Dispersion, d. h. die Trennung der verschiedenen Farben, direkt proportional λ ist, liefert das Gitter bei Einfall von weißem Licht Normalspektren 1., 2., 3., ... Ordnung (im Spektrum 0. Ordnung dagegen weißes Licht).[1] Die für das Transmissionsgitter angegebene Bedingung (1.1) gilt in entsprechender Weise auch für das Reflexionsgitter. (Die be-

---

1) Diese Normalspektren sind zur Wellenlängenbestimmung bestens geeignet; mit ihrer Hilfe kann ein Prismenspektralapparat geeicht werden.

rühmten *Rowlandschen Reflexionsgitter* enthalten bis 1800 Striche pro mm, im ganzen einige 100 000 Striche, mit größter Gleichheit der Abstände.)

b) Zweidimensionales Gitter (Kreuzgitter)

Das zweidimensionale Beugungsgitter (Kreuzgitter) besteht entweder aus zwei gekreuzten Strichgittern oder aus einem undurchlässigen Schirm, der an den Kreuzungsstellen zweier Strichgittersysteme jeweils gleiche Öffnungen besitzt.

Die Bedingung (1.1) für maximale Helligkeit läßt sich für den Fall des Kreuzgitters sofort verallgemeinern:

$$\left.\begin{aligned} d_1 \, (\cos \alpha - \cos \alpha_0) &= k_1 \lambda \\ d_2 \, (\cos \beta - \cos \beta_0) &= k_2 \lambda \end{aligned}\right\} \quad (k_1, k_2 = 0, \pm 1, \pm 2, \ldots). \tag{1.2}$$

Hierbei bedeuten d_1 und d_2 wieder die Gitterkonstanten, und (α_0, β_0) bzw. (α, β) charakterisieren die Richtung des einfallenden bzw. des gebeugten Lichtes. Jeder Interferenzfleck ist durch ein Paar ganzer Zahlen (k_1, k_2) gekennzeichnet.

c) Dreidimensionales Gitter (Raumgitter)

Die räumliche Anordnung von Atomen, Molekeln oder Ionen in den Kristallen stellt ein Raumgitter dar. Die Abstände der Gitterpunkte haben die Größenordnung einiger Å. So wie bei den im sichtbaren Spektralgebiet zur Verwendung kommenden Strichgittern die Gitterkonstante die Größenordnung der Wellenlängen des Ultrarot besitzt, haben die Gitterkonstanten der Kristalle die Größe der Wellenlängen weicher Röntgenstrahlen (*Sommerfeld* hatte vor *von Laue* die Wellenlänge von Röntgenstrahlen zu $\approx 4 \cdot 10^{-9}$ cm abgeschätzt).

Bei der *Röntgenstrahlen-Interferenzmethode* von *von Laue* und Mitarbeitern (s. [5] oder [6a]) wird ein kontinuierliches Röntgenspektrum (Bremsspektrum) auf den Kristall eingestrahlt. Für ein rhombisches Gitter mit den Gitterkonstanten d_1, d_2, d_3 (Kantenlängen des rhombischen Grundbereiches) ist unsere frühere Bedingung für das Auftreten eines Interferenzfleckes auf drei Gleichungen zu erweitern (Lauesche Fundamentalgleichungen):

$$\left.\begin{aligned} d_1 \, (\cos \alpha - \cos \alpha_0) &= k_1 \lambda \\ d_2 \, (\cos \beta - \cos \beta_0) &= k_2 \lambda \quad (k_1, k_2, k_3 = 0, \pm 1, \pm 2, \ldots). \\ d_3 \, (\cos \gamma - \cos \gamma_0) &= k_3 \lambda \end{aligned}\right\} \tag{1.3}$$

Zum Unterschied gegenüber dem Kreuzgitter kommt aber beim Raumgitter noch die geometrische Bedingung

$$\cos^2 \alpha_0 + \cos^2 \beta_0 + \cos^2 \gamma_0 = \cos^2 \alpha + \cos^2 \beta + \cos^2 \gamma = 1$$

hinzu. Diese hat zur Folge, daß die Gleichungen (1.3) bei vorgegebenen Werten von λ, (d_1, d_2, d_3) und $(\alpha_0, \beta_0, \gamma_0)$ im allgemeinen nicht mit ganzzahligen (k_1, k_2, k_3) zu erfüllen sind. Löst man (1.3) nach $\cos \alpha$, $\cos \beta$ und $\cos \gamma$ auf und setzt deren Quadratsumme gleich 1, so bekommt man diejenigen Wellenlängen λ, die bei gegebener Einfallsrichtung durch den Kristall gebeugt werden können:

$$\lambda = -2 \, \frac{\dfrac{k_1}{d_1} \cos \alpha_0 + \dfrac{k_2}{d_2} \cos \beta_0 + \dfrac{k_3}{d_3} \cos \gamma_0}{\left(\dfrac{k_1}{d_1}\right)^2 + \left(\dfrac{k_2}{d_2}\right)^2 + \left(\dfrac{k_3}{d_3}\right)^2}. \tag{1.4}$$

Abgesehen von Punkten, die aus Symmetriegründen gleiches λ haben, gehört zu jedem Interferenzfleck im Laue-Beugungsdiagramm (Abb. 6) ein eigenes λ, weshalb die Verwendung von „weißem Röntgenlicht" notwendig ist, und jeder ist durch ein Tripel ganzer Zahlen (k_1, k_2, k_3) gekennzeichnet. Nach erfolgter Indizierung der Laue-Punkte, bezüglich der wir auf Spezialliteratur verweisen, kann bei Kenntnis der Gitterkonstanten nach (1.4) die Wellenlänge der Röntgenstrahlung berechnet werden.

Mit monochromatischer Röntgenstrahlung (charakteristische Strahlung) arbeitet man bei dem *Drehkristall-Verfahren* von *Bragg* (1913). Um zur prinzipiellen Gleichung für dieses Verfahren zu gelangen, können

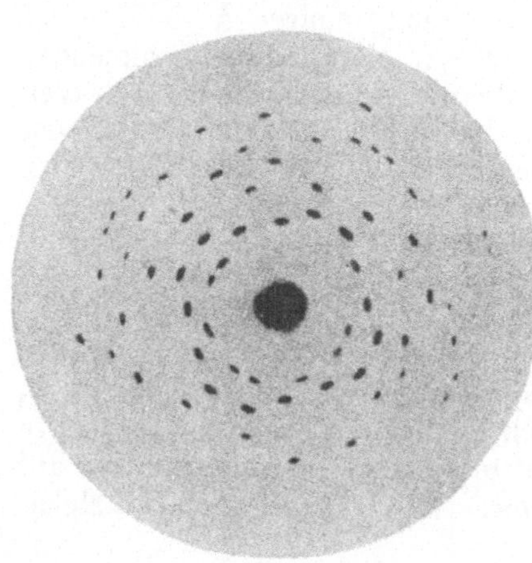

Abb. 6. Laue-Beugungsdiagramm von Zinkblende (ZnS, kubisch); durchstrahlt mittels Röntgenstrahlen längs einer der vierzähligen Achsen

wir von den Gleichungen (1.3) ausgehen. Quadriert man jede Gleichung und addiert dann alle drei unter Berücksichtigung der Bedingung für die Summe der Richtungskosinus-Quadrate, so erhält man

$$2 - 2\,(\cos\alpha\cos\alpha_0 + \cos\beta\cos\beta_0 + \cos\gamma\cos\gamma_0) = \lambda^2\left(\frac{k_1^2}{d_1^2} + \frac{k_2^2}{d_2^2} + \frac{k_3^2}{d_3^2}\right).$$

Mit Hilfe der Formel $\cos\alpha\cos\alpha_0 + \cos\beta\cos\beta_0 + \cos\gamma\cos\gamma_0 = \cos 2\vartheta$, die besagt, daß das skalare Produkt der beiden Einheitsvektoren, die die Richtung der einfallenden und der gebeugten Welle beschreiben, gleich dem Kosinus des eingeschlossenen Winkels 2ϑ ist, ergibt sich

$$2 - 2\cos 2\vartheta = 4\sin^2\vartheta = \lambda^2\left(\frac{k_1^2}{d_1^2} + \frac{k_2^2}{d_2^2} + \frac{k_3^2}{d_3^2}\right),$$

$$2\sin\vartheta = \lambda\sqrt{\frac{k_1^2}{d_1^2} + \frac{k_2^2}{d_2^2} + \frac{k_3^2}{d_3^2}}. \tag{1.5}$$

ϑ ist also der Winkel, den einfallende und gebeugte Welle mit der Halbierungsebene ihres Zwischenwinkels bilden, so daß man die Beugung der Welle auch als Reflexion an dieser Symmetrieebene auffassen kann. ϑ wird als *Glanzwinkel* bezeichnet.
Es läßt sich für jeden gebeugten Strahl eine ganze Schar solcher Symmetrieebenen finden. Sie werden als *Netzebenen* bezeichnet, denn sie schneiden aus dem unbegrenzten Kristallgitter ein Netz von unendlich vielen Punkten aus. Ihre Lage im Kristall wird meistens durch die in der Kristallographie zur Bezeichnung der Kristallgrenzflächen verwendeten *Millerschen Indizes* (h_1, h_2, h_3) bestimmt, die teilerfremde ganze Zahlen sind. Es läßt sich leicht zeigen, daß das oben benutzte Zahlentripel (k_1, k_2, k_3) sich von ihnen höchstens durch einen gemeinsamen Teiler unterscheidet; $k_1 = n h_1$, $k_2 = n h_2$, $k_3 = n h_3$. Nach Einführung der Millerschen Indizes stehen unter der Wurzel von (1.5) die Quadrate von $\left(\frac{h_1}{d_1}, \frac{h_2}{d_2}, \frac{h_3}{d_3}\right)$, die die Normale unserer betrachteten Netzebene bestimmen, also bis auf einen gemeinsamen Faktor von der Dimension einer Länge die Komponenten des Normaleneinheitsvektors sind. Die Netzebene wird durch die Gleichung

$$\frac{h_1}{d_1}\,x + \frac{h_2}{d_2}\,y + \frac{h_3}{d_3}\,z = 0 \tag{1.6}$$

(Koordinatenursprung auf ihr liegend) und die gesamte Netzebenenschar durch

$$\frac{h_1}{d_1}\,x + \frac{h_2}{d_2}\,y + \frac{h_3}{d_3}\,z = p \qquad (1.6\,\text{a})$$

(p = Nummer der betreffenden Netzebene) beschrieben. Der Abstand benachbarter Netzebenen ergibt sich somit zu

$$d = \frac{1}{\sqrt{\dfrac{h_1^2}{d_1^2} + \dfrac{h_2^2}{d_2^2} + \dfrac{h_3^2}{d_3^2}}}\,. \qquad (1.7)$$

Die Wurzel ist dieselbe, wie sie nach Einführung der Millerschen
Indizes in (1.5) steht, so daß man diese Gleichung jetzt auch
schreiben kann

$$2d \sin \vartheta = n\lambda. \qquad (1.8)$$

Dies ist die grundlegende Beziehung des Braggschen Verfahrens. Sie entspricht der aus der Optik bekannten Formel für
die Interferenz von sichtbarem Licht bei Reflexion an einer
planparallelen Platte, wenn dort der Brechungsindex 1 gesetzt
und auch der Glanzwinkel ϑ statt des in der Optik üblichen
Einfallswinkels zwischen Strahl und Lot verwendet wird. Die
Übereinstimmung dieser Formeln läßt erkennen, daß man die
Beugung der Röntgenstrahlen durch
die Kristallgitter auch als Reflexion an
einer Schar paralleler, im Abstand d
aufeinanderfolgender Netzebenen inter-
pretieren kann (Abb. 7). $2d \sin \vartheta$ beträgt der Gangunterschied der an benachbarten Netzebenen reflektierten
Strahlen. Man sieht, daß die Ordnungszahl n der Interferenz der größte gemeinsame Teiler der Laueschen Indizes
(k_1, k_2, k_3) ist.

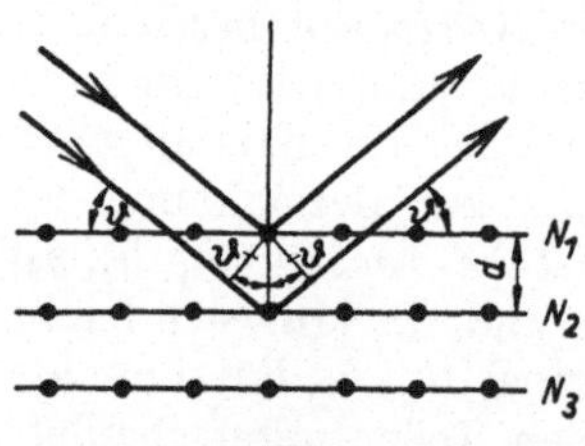

Abb. 7.
Reflexion von Röntgenstrahlen
an benachbarten Netzebenen

Beim Drehkristall-Verfahren läßt man ein monochromatisches
Röntgenstrahlbündel auf die ebene Oberfläche eines Kristalls
fallen, der um eine in der Oberfläche liegende, zum einfallenden
Strahl senkrechte Achse drehbar ist. An der Kristallfläche und
den ihr parallelen Netzebenen wird der Strahl nach Formel
(1.8) „gespiegelt". Mittels einer um den Kristall herum schwenk-
baren Ionisationskammer oder eines zylinderförmig herum-

gelegten photographischen Filmes kann man die Lage der Beugungsmaxima der verschiedenen Ordnungen n feststellen, wenn der Winkel ϑ durch Drehen des Kristalls variiert wird. Zum kleinsten Glanzwinkel ϑ_1 gehört das Maximum 1. Ordnung usw. Auf diese Weise kann der Netzebenenabstand d nach (1.8) bestimmt werden. Das Verfahren kann an den anderen Kristallflächen wiederholt werden, und man bekommt aus den verschiedenen d-Werten Aufschluß über den Aufbau des Kristalls. Umgekehrt kann man bei Kenntnis der Kristallstruktur natürlich auch von einer unbekannten Röntgenstrahlung die spektrale Zusammensetzung feststellen (Röntgenspektrometer).
Auf dem Braggschen Grundgedanken der Reflexion an den Netzebenen beruht auch das *Kristallpulver-Verfahren* von *Debye* und *Scherrer* (1915), eine weitere Hauptmethode der Röntgeninterferenzen. Es wird ein Präparat aus feinem gepreßten Kristallpulver monochromatisch bestrahlt. Es kann auch eine sehr dünne mikrokristalline Metallfolie durchstrahlt werden. Unter den in natürlicher Unordnung sich befindenden Kristallflächen der Kristallite sind genügend viele vorhanden, die gegenüber der Einfallsrichtung der Röntgenstrahlung eine günstige Orientierung im Sinne der Braggschen Gleichung (1.8) haben; an ihnen und dem zu ihnen gehörenden Satz von Netzebenen im Inneren der Kristallite werden die Strahlen „reflektiert". Die räumliche Verteilung dieser reflektierenden Ebenen ist natürlich rotationssymmetrisch bezüglich des einfallenden Strahles, deshalb bilden die reflektierten Strahlen die Mantellinien eines Kreiskegels um die Einfallsrichtung als Achse. Jede Netzebenenschar liefert eine Gruppe von Kegeln mit den Öffnungswinkeln $4\vartheta_1$, $4\vartheta_2$ usw., die den Ordnungen der Beugungsmaxima entsprechen. Auf einer senkrecht zur Einfallsrichtung aufgestellten

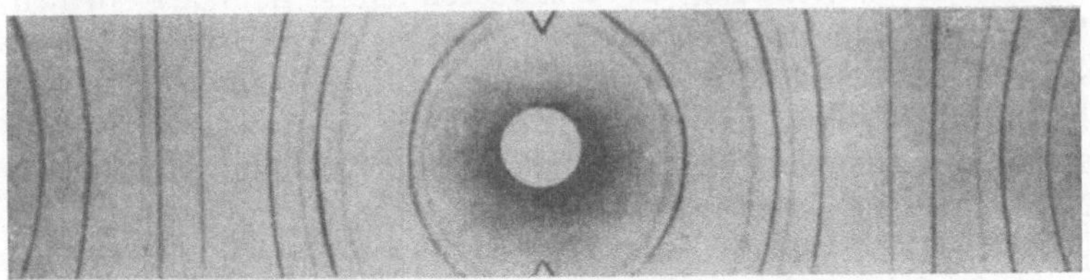

Abb. 8. Debye-Scherrer-Diagramm von Germanium (Ge, Diamant-Typus); aufgenommen mit Eisen-K-Strahlung

photographischen Platte markieren sich die Spuren dieser Kegel als konzentrische Kreise. Häufig erfolgt die Aufnahme mit einem zylindrisch um das Pulverpräparat herumgelegten Film, auf dem man dann gekrümmte Linien sieht (Abb. 8). Auf das Verfahren der Zuordnung der Kreise bzw. gekrümmten Linien zu den Netzebenen soll hier nicht eingegangen werden.

d) Absolute Wellenlängenmessung bei Röntgenstrahlen

Die Röntgenstrahlinterferenzen an Kristallgittern gestatten nur relative Wellenlängenmessungen, da sie von der Kenntnis der Abmessungen des Kristallgitters (Netzebenenabstand d) abhängen. Man muß die d-Bestimmung selbst nach anderen Methoden vornehmen, die meistens wesentlich ungenauer sind. *Compton* und *Doan* (1925) brachten hier einen bedeutenden Fortschritt, indem sie zeigten, daß eine absolute Wellenlängenmessung bei Röntgenstrahlung in der gleichen Weise wie in der Optik mit einem gewöhnlichen, auf eine spiegelnde Metallfläche oder in eine Glasplatte geritzten Strichgitter möglich ist. Die Gitterkonstante braucht nicht besonders klein zu sein, wenn man nur genügend kleine Winkel ϑ verwendet (streifender Einfall), weil dann eine perspektivische Verkürzung der Gitterkonstante wirksam wird. Begünstigt wird dieses Verfahren noch dadurch, daß die Brechungszahlen für Röntgenstrahlen kleiner (außerordentlich wenig kleiner) als 1 sind. Bei streifendem Einfall befindet man sich dann im Bereich der Totalreflexion, wodurch die Intensität und die Schärfe der Interferenzlinien erhöht wird. Diese Methode ist besonders von *Bäcklin* (1928) und *Bearden* (1929) sehr vervollkommnet worden. Der Zahlenwert $\lambda = 1,5422 \pm 0,0002$ Å für die Linie Kupfer-K_α, von *Howe* (1930) gewonnen, soll als Kennzeichnung der erzielbaren Meßgenauigkeit dienen. Mit den absoluten λ-Werten konnten nun die Kristallgitterkonstanten aus den Interferenzaufnahmen mit größerer Genauigkeit bestimmt werden, und, was nur beiläufig erwähnt werden soll, es konnten die Werte der Loschmidtschen Zahl und der Elementarladung eine Verbesserung erfahren.

Die Elementarladung e hängt mit der Loschmidtschen Zahl L und der bei Elektrolyse-Versuchen gut meßbaren Faraday-Konstante F gemäß $F = eL$ zusammen. Mit $F = (2,8926 \pm 0,0003) 10^{14}$ e s L/Mol und L (vgl. § 4, a) erhält man den in der Einführung angegebenen Wert von e.

e) γ-Strahlen-Interferenzen

Zur Analyse der γ-Strahlen sind die Abmessungen der Kristallgitter wiederum zu grob. Aus dem über Röntgenstrahl-Interferenzen an optischen Strichgittern Gesagten erhellt aber ohne weiteres, weshalb *Andrade* und *Rutherford* trotzdem zum Ziele kommen konnten, weil bei ihrer Durchstrahlungsmethode die streifende Reflexion an inneren Netzebenen der Kristalle ausgenutzt wird.

f) Strahlungsformel von Rayleigh-Jeans

Abschließend sei in diesem Abschnitt über das Wellenbild des Lichtes noch gezeigt, daß aus der Wellenvorstellung nur die mit der Erfahrung im Widerspruch stehende *Rayleighsche Formel* für die Hohlraumstrahlung abgeleitet werden kann [3b].

Es sei die Strahlung in einem kubischen Hohlraum vom Volumen $V = a^3$ mit ideal metallischen Wänden eingeschlossen.

Wegen der zu erfüllenden Randbedingungen (die Tangentialkomponente des elektrischen Feldes $\mathfrak{E}$ muß an den Wänden verschwinden) ergeben sich unter Verwendung der Maxwellschen Gleichungen als Lösungen der Wellengleichung[1]) $\frac{1}{c^2} \frac{\partial^2 \mathfrak{E}}{\partial t^2} - \Delta \mathfrak{E} = 0$ (und entsprechend für $\mathfrak{H}$) stehende Wellen, die ein *diskretes Frequenzspektrum* haben, das durch die Eigenwertbedingung

$$n_1{}^2 + n_2{}^2 + n_3{}^2 = \left(\frac{2\,a\,\nu}{c}\right)^2$$

bestimmt ist. (n_1, n_2, n_3 sind beliebige natürliche Zahlen, ν ist die Frequenz und c die Lichtgeschwindigkeit im Vakuum.)

Zu jedem Zahlentripel (n_1, n_2, n_3) gibt es 2 Eigenschwingungen der Hohlraumstrahlung, da 2 unabhängige Polarisationsrichtungen für die elektromagnetischen Wellen existieren.

Die Zahl der Eigenschwingungen erhält man durch Abzählung der Gitterpunkte, die durch die Zahlentripel (n_1, n_2, n_3) in einem dreidimensionalen Koordinatensystem mit den Koordinaten n_1, n_2, n_3 bestimmt sind.

Alle zum Frequenzintervall zwischen ν und $\nu + d\nu$ gehörigen Gitterpunkte liegen in einer Achtelkugelschale vom Radius $\frac{2\,a\,\nu}{c}$

---

1) $\Delta = \dfrac{\partial^2}{\partial x^2} + \dfrac{\partial^2}{\partial y^2} + \dfrac{\partial^2}{\partial z^2}$ ist der Laplacesche Operator.

und der Dicke $\dfrac{2\,a\,dv}{c}$. Man denkt sich üblicherweise den Hohlraum sehr groß, dann liegen diese Gitterpunkte sehr dicht. Nimmt
man den Grenzfall des Kontinuums an, dann ist die gesuchte
Zahl der Gitterpunkte gleich dem Volumen der Achtelkugelschale
$4\pi\dfrac{a^3}{c^3}v^2\,dv$ und die *Zahl der Eigenschwingungen*

$$N_\nu = \frac{8\pi}{c^3}\,V v^2\,dv\;.$$

Die Verteilung der Energie der Strahlung auf diese Eigenschwingungen erfolgt im thermischen Gleichgewicht (Temperatur T)
nach dem *Gleichverteilungssatz*; jede einzelne Eigenschwingung
bekommt die mittlere. Energie kT (wie beim harmonischen Oszillator). Als mittlere Energie im Volumen V und Frequenzintervall dv erhält man somit

$$\overline{E} = N_\nu\,kT = \frac{8\pi}{c^3}\,V v^2\,kT\,dv\;.$$

Diese Formel von *Rayleigh* und *Jeans* gilt zwar für den lang-
welligen Bereich der Strahlung recht gut. Sie führt aber zur sog.
Ultraviolett-Katastrophe, weil nach ihr E mit wachsender Frequenz
dauernd zunimmt. Das klassische Wellenbild hat hiernach nur
Geltung für einen Teil der Hohlraumstrahlung.

§ 2. Teilchencharakter des Lichtes

a) Lichtelektrischer Effekt

Wie schon in der einleitenden geschichtlichen Übersicht zu diesem Kapitel angedeutet wurde, führte *Einstein* die *Lichtquanten-
Hypothese* ein, um eine quantitive Beschreibung des lichtelektrischen Effektes geben zu können. Es handelt sich dabei
um folgende Erscheinung: Wird eine Metallplatte mit ultraviolettem Licht bestrahlt, so werden aus ihr Elektronen frei gemacht
(Photoelektronen).
Qualitativ könnte man dies im Wellenbild des Lichtes wohl
auch verstehen, wenn man annimmt, daß die auffallende elektromagnetische Welle die im Metall an Gleichgewichtslagen gebun-
denen Elektronen zum Mitschwingen anregt. Im Resonanzfall
könnte die Amplitude der Schwingungen so groß werden, daß
eine Ablösung der Elektronen möglich wird.

Aus dieser Vorstellung wäre aber zu folgern, daß die kinetische Energie der Elektronen nach Verlassen des Metallverbandes von der Intensität der einfallenden Strahlung abhängen müßte. Die Versuche *Lenard*s (1899) haben jedoch gezeigt, daß durch Steigerung der Intensität zwar die Zahl der ausgelösten Elektronen erhöht wird, aber nicht deren kinetische Energie. Diese nimmt vielmehr mit der Frequenz des Lichtes zu.

Nimmt man nun nach *Einstein* an, daß dem Licht von der Frequenz v Energiequanten der Größe hv entsprechen, so lassen sich die empirischen Tatsachen ohne weiteres verstehen. Ein Lichtquant (Photon) überträgt seine Energie hv an ein Elektron im Metall. Der Anteil P dieses Energiebetrages wird zur Befreiung des Elektrons aus dem Metall verbraucht (Ablösearbeit), und den Rest behält das Elektron als kinetische Energie $\frac{m}{2} v^2$ ($m =$ Masse des Elektrons, $v =$ Geschwindigkeit). So ergibt einfach der Energieerhaltungssatz die richtige quantitative Beziehung für den Photoeffekt:

$$h v = P + \frac{m}{2} v^2. \qquad (2.1)$$

Es wird in diesem korpuskularen Bild auch ohne Schwierigkeiten verständlich, daß die Lichtintensität mit der Zahl der Photoelektronen zusammenhängt. Erhöhung der Strahlungsintensität heißt Vermehrung der Zahl der einfallenden Photonen der Energie hv, so daß entsprechend mehr Elektronen „herausgeschlagen" werden können.

Die kinetische Energie der Elektronen ermittelt man häufig dadurch, daß man eine Gegenspannung V anlegt (Abb. 9), gegen die die Elektronen gerade noch anlaufen können.

Führt man in (2.1) statt $\frac{m}{2} v^2$ die potentielle Energie eV ($e =$ Ladung des Elektrons) ein, so bekommt sie die zur experimentellen Bestätigung günstige Form

$$V = \frac{h}{e} v - \frac{P}{e}. \qquad (2.2)$$

Die gut meßbare, abbremsende Gegenspannung V ist demnach eine lineare

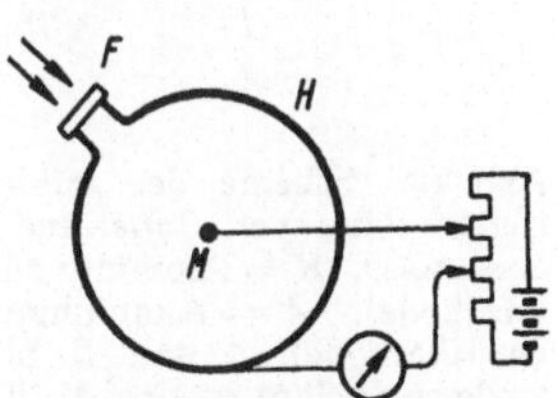

Abb. 9. Gegenfeldmethode beim lichtelektrischen Effekt nach *Lenard* ($F =$ Fenster, $M =$ Metall, $H =$ Hohlkugel, Gegenfeld zwischen H und M)

Funktion der Frequenz ν. Aus der Steigung der Geraden im (ν, V)-Diagramm kann man unmittelbar das Verhältnis der atomaren Konstanten $\dfrac{h}{e}$ gewinnen.

Wenn $h\nu < P$ ist, können die Elektronen nicht mehr aus der Metalloberfläche austreten. Es existiert daher eine minimale Frequenz ν_0 mit $h\nu_0 = P$, bei der der Photoeffekt gerade einsetzt. $h\nu_0$ ist direkt ein Maß für die Ablösearbeit und ist bis auf den Faktor e durch den Abszissenabschnitt der Geraden gegeben. Präzisionsmessungen, welche die Gleichung (2.2) völlig bestätigen, wurden von *Millikan* (1916) durchgeführt.
Je kurzwelliger eine Strahlung ist, eine um so größere Wirkung kann mit ihr beim Auftreffen auf Materie erzielt werden, weil eben die betreffenden Photonen eine höhere Energie $h\nu$ mitbringen. Deshalb beziehen sich auch die meisten Versuche zum Nachweis des Korpuskelcharakters beim Licht auf Röntgen- und γ-Strahlung.

b) Versuch von Joffé und Dobronrawov

Von *Joffé* und *Dobronrawov* (1925) wurde nachgewiesen (s. [7]), daß der Photoeffekt auch mit kleinsten Intensitäten hervorgerufen werden kann. Sie beobachteten die Ladungsänderungen eines Wismut-Teilchens von etwa 10^{-5} cm Durchmesser, das in einem Ehrenhaft-Millikanschen Kondensator (s. § 4, b) schwebte (Abb. 10). Die Ladungsänderungen ließen sich auf Photoeffekt zurückführen, da das Teilchen einer Röntgenstrahlung von äußerst geringer Intensität ausgesetzt war. Die Röntgenstrahlung wurde durch Abbremsen von Photoelektronen in einer ($5 \cdot 10^{-5}$ mm) dünnen Aluminium-Folie erzeugt, die gleichzeitig eine der Belegungen des Kondensators bildete. Diese Photoelektronen wiederum entstanden an einem Al-Drähtchen durch Beleuchtung mit ultraviolettem Licht und wurden dann durch eine Potential-

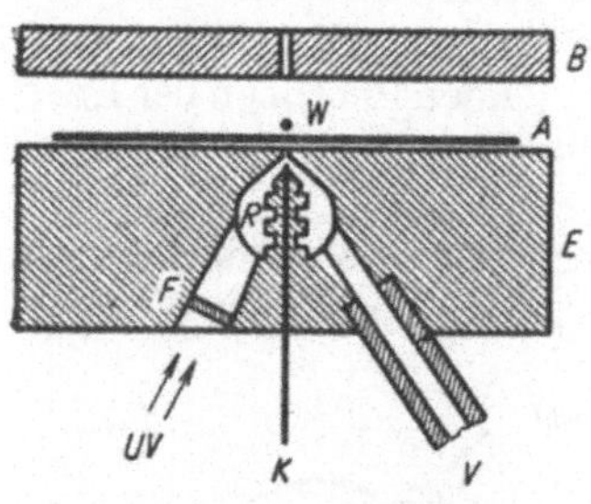

Abb. 10. Schema der Miniaturröntgenröhre von *Joffé* und *Dobronrawov*. $K = $ Aluminiumdraht (Kathode), $A = $ Aluminiumfolie (Antikathode). A und B bilden zugleich die Platten eines Millikanschen Kondensators. $E = $ Ebonitplatte, $R = $ Röntgenröhre, $W = $ Wismutteilchen, $F = $ Fenster, $UV = $ Ultraviolettlicht, $V = $ Vakuumanschluß

differenz von 12000 V beschleunigt. Beleuchtete man das Drähtchen genügend schwach, so war die Zahl der Photoelektronen und damit auch die Zahl der Röntgenimpulse niedrig (1000 pro s), und man beobachtete dann im Mittel nur alle 30 min eine Ladungsänderung an dem Bi-Teilchen.

Man sieht leicht ein, daß dieses Versuchsergebnis im Wellenbild wieder unverständlich bleibt. Angenommen, die in den 30 min erzeugten $1,8 \cdot 10^6$ Röntgenimpulse breiten sich in Form von Kugelwellen von der Al-Folie aus, so überstreicht nur ein ganz kleiner Bereich des Wellenfeldes eines jeden Impulses das Bi-Teilchen, und es kann jeweils nur wenig Energie übertragen werden. Dieser Bruchteil verteilt sich außerdem noch auf sämtliche Elektronen des Teilchens. Man kann sich nicht vorstellen, wie es zugehen sollte, daß sämtliche anderen Elektronen nach einem Zeitablauf von 30 min auf ihren Energieanteil aus den Wellenfeldern verzichten und ihn einem einzigen unter ihnen zuleiten, damit es dem Bi-Teilchen entrinnen und dessen Ladung ändern kann. —

Denkt man sich dagegen die Energie der Röntgenimpulse als Photonen im Raume nach allen Richtungen mit gleicher Wahrscheinlichkeit fliegend, so zeigt eine einfache Überschlagsrechnung, daß wirklich nach jeweils 30 min das Bi-Teilchen von einem der $1,8 \cdot 10^6$ Röntgenphotonen getroffen und ein Elektron durch direkten Stoß herausgeworfen werden kann.

c) Versuch von Bothe

Daß Röntgenstrahlen auch bei ihrer Emission Quantencharakter zeigen, konnte *Bothe* (1926) in folgender Weise experimentell nachweisen (s. [8]). Läßt man einen Röntgenstrahl auf eine Cu-Folie auffallen, die sich in der Mitte zwischen zwei Spitzenzählern z_1 und z_2 befindet (Abb. 11), so geht von der Folie allseitig die charakteristische Fluoreszenzstrahlung aus, auf die beide Zähler ansprechen können. Die Zähler müssen so beschaffen sein, daß sie nur Strahlung und nicht auch Rückstoßelektronen (vgl. Abschn. d)

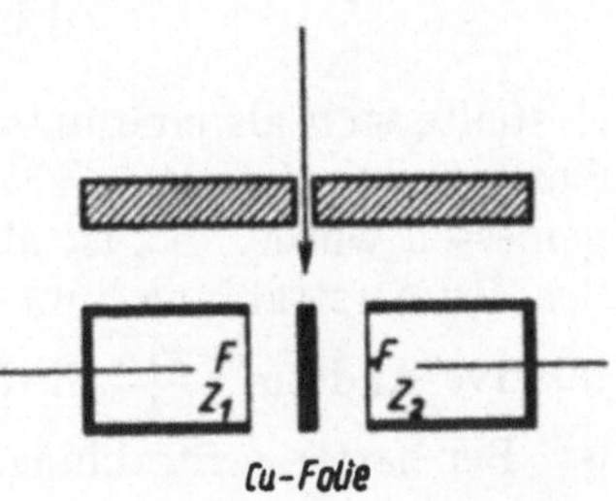

Abb. 11. Schema der Versuchsanordnung von *Bothe*

anzeigen. Hierzu dienen die Al-Schutzfenster F. — Vom Wellenbild ausgehend würde man erwarten, daß stets beide Zähler gleichzeitig ansprechen, also immer Koinzidenz vorliegt; denn wenn sich die Fluoreszenzstrahlung in Gestalt von Kugelwellen ausbreitet, werden stets beide Zähler erfaßt. Das Experiment schließt jedoch solche echten Koinzidenzen aus, und es bleibt wieder allein die Möglichkeit der Erklärung mit Hilfe der Lichtquantenvorstellung. Das emittierte Röntgenfluoreszenzlicht besteht aus Photonen, die sich gerichtet ausbreiten und jeweils nur auf einen der beiden Zähler treffen.

d) Compton-Effekt

Die von *A. H. Compton* (1923) entdeckte Wechselwirkung von Strahlung mit freien Elektronen (es waren im Versuch — genauer gesagt — schwach gebundene Elektronen in Materie mit niedrigem Atomgewicht) stellt einen Streuvorgang dar, bei dem das Wirken der Lichtquanten besonders deutlich zum Ausdruck kommt. Bei der Comptonschen Versuchsanordnung trifft ein in definierter Richtung scharf ausgeblendetes Röntgenbündel (charakteristische K-Serie des Molybdäns) auf einen Paraffinblock, von dem es nach allen Richtungen gestreut wird. Man hat dann die spektrale Zusammensetzung der Streustrahlung in Abhängigkeit vom Streuwinkel ϑ zu untersuchen. Das Maximum der Intensität der Streustrahlung ist gegenüber dem der Primärstrahlung nach längeren Wellen verschoben, d. h., bei der Streuung wird die Röntgenstrahlung „weicher". Quantitativ ergab sich zwischen der Wellenlängenänderung $\Delta\lambda$ und dem Streuwinkel ϑ die Relation

$$\Delta\lambda = \Lambda\,(1 - \cos\vartheta). \tag{2.3}$$

Λ stellte sich als eine universelle Konstante heraus, der man die Bezeichnung *Compton-Wellenlänge* gab und die zu $\Lambda = 0{,}024$ Å gemessen wurde. $\Delta\lambda$ ist also unabhängig von der Wellenlänge λ_0 der Primärstrahlung und vom Material des Streukörpers. Die relative Änderung $\dfrac{\Delta\lambda}{\lambda_0}$ wird um so bedeutender, je kleiner λ_0 selbst ist. Bei harter γ-Strahlung, wo λ_0 von der Größenordnung Λ ist, wird $\Delta\lambda$ sogar mit λ_0 vergleichbar. Die Tatsache, daß Λ von der Wellenlänge nicht abhängt, schließt die Möglichkeit aus, die

Wellenlängenänderung mittels der klassischen Wellentheorie als Doppler-Effekt zu deuten. Man könnte sich zwar vorstellen, daß wegen des durch die einfallenden Wellen auf die nahezu freien Elektronen übertragenen Impulses diese vor der Strahlung zurückweichen und die Streuung im Prinzip einer Reflexion am bewegten Spiegel entspricht. Da aber jedes durch Doppler-Effekt erzeugte $\Delta\lambda$ von der Wellenlänge λ der einfallenden Welle abhängt, kommt man sofort mit obigem experimentellen Resultat in Widerspruch. Man könnte höchstens dadurch eine Übereinstimmung erzwingen, daß man den auf die Elektronen übertragenen Impuls als von der Wellenlänge der einfallenden Welle abhängig annehmen würde. Doch auch das verstößt gegen die Grundgesetze der Wellenlehre, weil der Impuls eines Wellenfeldbereiches durch den Quotienten aus Energie und Wellengeschwindigkeit gegeben ist.

Eine Theorie der Lichtstreuung an freien Elektronen, bei der von Anfang an der Standpunkt der konsequenten Lichtquantenvorstellung eingenommen wird und die völlig den experimentellen Tatsachen gerecht wird, gaben gleichzeitig *Compton* und *Debye*. Sie behandelten die Streuung einfach als nichtzentralen Stoß zwischen Photon und Elektron nach den Gesetzen der Mechanik. Nichtrelativistische und relativistische Rechnung führen dabei in gleicher Weise zum Ziel. Wir wollen hier die allgemeiner gültige Ableitung unter Verwendung der speziellen Relativitätstheorie vornehmen. Als Ausgangsgleichung können uns Energie- und Impulserhaltungssatz dienen.

Die Energie des Lichtquants vor dem Stoß ist gleich $h\nu_0$, sein Impulsbetrag $\dfrac{h\nu_0}{c}$; die entsprechenden Größen nach dem Stoß bezeichnen wir mit $h\nu$ und $\dfrac{h\nu}{c}$. Nehmen wir das Elektron vor dem Stoß als ruhend an, wählen wir also ein Bezugssystem, das man jetzt meistens als das „Laboratoriumssystem" bezeichnet, so ist sein Impuls gleich Null und seine Energie gleich der Ruhenergie $m_0 c^2$. Bewegt sich das gestoßene Elektron mit der Geschwindigkeit v, dann ist seine Masse $m = \dfrac{m_0}{\sqrt{1-\beta^2}}$ (wobei $\beta = \dfrac{v}{c}$ in üblicher Weise gesetzt wurde), seine Energie $mc^2 = \dfrac{m_0 c^2}{\sqrt{1-\beta^2}}$ und der Betrag seines Impulses $mv = \dfrac{m_0 v}{\sqrt{1-\beta^2}}$.

Aus dem Impulserhaltungssatz folgt, daß die drei Impulsvektoren ein Dreieck bilden müssen (Abb. 12). Bezeichnen wir den Streuwinkel des Photons mit ϑ, so ist an diesem Impulsdreieck die Beziehung abzulesen

$$m^2 v^2 = \frac{m_0{}^2 c^2}{1 - \beta^2}\, \beta^2 = \frac{h^2}{c^2}\, (v_0{}^2 + v^2 - 2 v_0 v \cos \vartheta)\,.$$

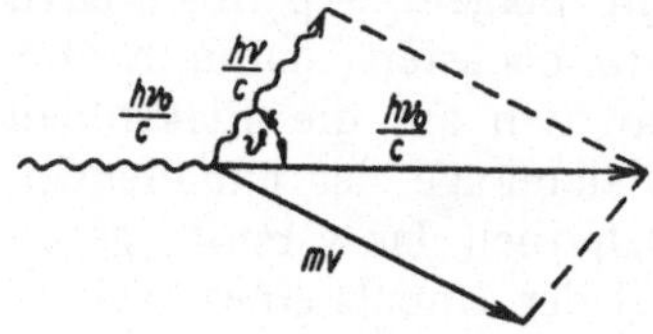

Abb. 12. Impulserhaltung beim Compton-Effekt

Der Energiesatz lautet:

$$m c^2 = \frac{m_0 c^2}{\sqrt{1 - \beta^2}} = m_0 c^2 + h (v_0 - v)\,.$$

Quadriert man diese Gleichung und zieht den mit c^2 multiplizierten Ausdruck für den Impulssatz von ihr ab, so erhält man

$$m^2 c^4 \left(1 - \frac{v^2}{c^2}\right) = m_0{}^2 c^4 - 2\,h^2\,v_0 v\,(1 - \cos \vartheta) + 2\,m_0\,c^2\,h\,(v_0 - v)$$

und damit, da die linke Seite der Gleichung vom ersten Glied der rechten Seite kompensiert wird,

$$\frac{v_0 - v}{v_0 v} = \frac{h}{m_0 c^2}\,(1 - \cos \vartheta)\,,$$

woraus mit $\lambda v = c$ und $\lambda - \lambda_0 = \Delta \lambda$ die gesuchte Endformel folgt:

$$\Delta \lambda = \frac{h}{m_0 c}\,(1 - \cos \vartheta)\,. \tag{2.4}$$

Der Vergleich von (2.3) mit (2.4) ergibt für die Compton-Wellenlänge $\Lambda = \dfrac{h}{m_0 c}$, was mit dem gemessenen Wert in guter Übereinstimmung steht, wenn für m_0 die Elektronenmasse eingesetzt wird. Λ bedeutet also anschaulich die Wellenlänge desjenigen Lichtquants, dessen „Masse" mit der Ruhmasse des Elektrons übereinstimmt. Gleichung (2.4) lehrt uns auch verstehen, daß ein Compton-Effekt an schweren Atomen ausbleiben wird, wenn die Elektronen so fest gebunden sind, daß die übertragene Energie zur Abtrennung nicht ausreicht. Die Streuung erfolgt dann am gesamten Atom der Masse M, und wegen $\Lambda = \dfrac{h}{M c}$ wird $\Delta \lambda$ dann unmeßbar klein. Der Compton-Effekt ist also nur beobachtbar, wenn die Bindungsenergie der Elektronen klein ist im Vergleich zur Photonenenergie $h\nu_0$.

Daß beim Compton-Effekt das Teilchenbild des Lichtes maßgebend ist, läßt sich nicht allein, wie oben geschildert, aus dem Zutreffen der abgeleiteten Wellenlängenänderung entnehmen, sondern es ist auch eine Prüfung der durch den Impulssatz gegebenen Richtungsbeziehung zwischen gestreutem Photon und gestoßenem Elektron (Rückstoß-elektron) möglich. Abb. 13 veranschaulicht die Verteilung der Streuquanten und Rückstoß-elektronen; es sind unter den nach dem Impulssatz einander entsprechenden Richtungen die Energiewerte $h\nu$ der gestreuten Photonen (nach oben) und die Energiewerte $\frac{m}{2}\,v^2$ der Rück-stoßelektronen (nach unten) aufgetragen. Versuche dazu

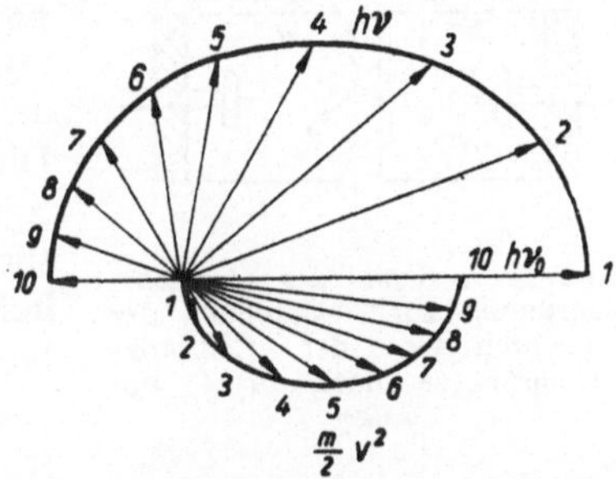

Abb. 13. Energieverteilung der Lichtquanten und der Elektronen in Abhängigkeit vom Streuwinkel beim Compton-Effekt

sind von *Compton* und *Simon* (1925) durchgeführt worden. Sie beobachteten Compton-Streuprozesse, die in einer Wilsonschen Nebelkammer durch ein dünnes, sehr hartes Röntgenstrahl-bündel an den Elektronen der Gasfüllung hervorgerufen wurden. Die Nebelspur des Rückstoßelektrons hat im allgemeinen eine sehr komplizierte Gestalt. Man kann aus dem ersten Stück aber ungefähr die Anfangsrichtung und mittels der Gesamtlänge der Bahn die Energie erschließen; damit kennt man den Impuls-pfeil des Rückstoßelektrons. Das Streuquant selbst markiert seine Spur nicht, aber es kann erneut einen Compton-Prozeß aus-lösen. Man hat zur Nachprüfung der Richtungsbeziehung nun einfach entlang der berechneten Flugrichtung des Photons nach dem Anfangspunkt einer weiteren Elektronenspur zu suchen. Tatsächlich wurde stets ein so gelegener Elektronenbahnanfang gefunden.

Der der Theorie des Compton-Effektes zugrunde liegende ein-fache Stoßmechanismus verlangt weiter, daß Streuquant und Rückstoßelektron *gleichzeitig* wegfliegen. *Bothe* und *Geiger* (1925) wiesen die geforderten Koinzidenzen mit Hilfe zweier dicht benachbarter Spitzenzähler nach, von denen der eine hauptsächlich nur Elektronen registrierte und der andere durch eine Luftfüllung für Röntgenstrahlen empfindlich war (die Elektronen wurden bei ihm durch eine für Röntgenstrahlen durchlässige Platinfolie absorbiert). Abb. 14 zeigt das Schema der Versuchsanordnung. Es wurden die Compton-Prozesse registriert, die ein Röntgenstrahlbündel in Wasserstoff-Füllgas beim Durchgang zwischen den beiden Spitzenzählern erzeugte. Der Versuch zeigte Koinzidenzen in wesentlich größerer Zahl, als nach dem bloßen Zufall zu erwarten war.

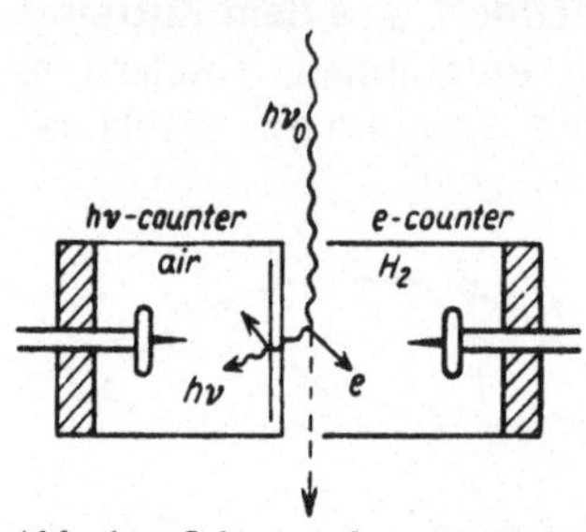

Abb. 14. Schema der Versuchsanordnung zur Feststellung der Gleichzeitigkeit der Compton-Streuprozesse nach *Bothe* und *Geiger*

Bohr, *Kramers* und *Slater* hatten (1924) versucht, die Wechselwirkung zwischen Strahlung und Materie mit Hilfe des Wellenbildes der Strahlung zu beschreiben, was allerdings einen Verzicht auf eine strenge Gültigkeit der Erhaltungssätze von Energie und Impuls, die gerade den Ausgangspunkt der Theorien von *Compton* und *Debye* bildeten, bei solchen Prozessen erforderte. Der Bothe-Geiger-Versuch widerlegte diese statistische Auffassung der Wechselwirkung. Wohl dieser prinzipiellen Bedeutung wegen wurde das Experiment in letzter Zeit (1949) von *Hofstadter* und *McIntyre* mit bestmöglicher Zeitauflösung mittels Stilben-Szintillationszählern wiederholt. Das Zeitintervall, innerhalb dessen das gestreute Photon und das Rückstoßelektron gleichzeitig emittiert wurden, konnte dabei von 10^{-3} s (bei *Bothe-Geiger*) auf $1{,}5 \cdot 10^{-8}$ s eingeengt werden. Auch die Zeit zwischen Absorption des Primärquants und Emission von Elektron und Photon beträgt nicht mehr als $1{,}5 \cdot 10^{-8}$ s. Die Theorie auf Grund der Quantenvorstellung fordert Koinzidenzen bis zu Zeitintervallen der Ordnung $\dfrac{\Lambda}{c} \approx 10^{-20}$ s. Von dieser Grenze ist man also noch weit entfernt, trotzdem darf es als ein Plus für die Theorie gebucht werden, daß bei einer Intervallverringerung um 10^{-5} keinerlei Anzeichen von Unstimmigkeiten gefunden wurden.

e) Strahlungsformel von Wien

Die Anwendung der naiven, d. h. anschaulichen, Lichtteilchenvorstellung auf die Strahlung in einem Hohlraum führt, wie auch die reine Wellenvorstellung, nur zu einer teilweisen Übereinstimmung mit der experimentellen Erfahrung, wenn die Photonen in klassischer Weise als unterscheidbare Teilchen angesehen werden. Zur Ableitung einer Strahlungsformel wird angenommen, daß sich ein Lichtquantengas in dem Hohlraum V bei der Temperatur T befindet [3 a]. Um die auf das Frequenzintervall zwischen v und $v + dv$ entfallende mittlere Energie $\overline{E}$ zu berechnen, benötigt man die durch die wahrscheinlichste Verteilung bestimmte Photonenzahl N_p, die zu der Phasenraumschicht $d\Omega = 4\pi V p^2 dp$ gehört. Alle Photonen in dieser Schicht haben die Energie hv und den Impuls

$$p = \frac{hv}{c}, \text{ so daß dann } \overline{E} = N_p\, hv \text{ wird.}$$

Zur Berechnung von N_p denkt man sich den Phasenraum in Schichten der bereits angegebenen Größe zergliedert. Die dabei entstehenden „Kästen" enthalten aber unterschiedliche Phasenvolumina, d. h., ihnen kommen verschiedene statistische Gewichtsfaktoren g zu. Benutzt man als naheliegende Einheit des Phasenraumes die Größe h^3, so ist g bis auf einen Faktor 2, der wiederum von den zwei unabhängigen Polarisationsrichtungen herrührt, gleich dem in dieser Einheit gemessenen Schichtvolumen

$$g = 2 \, \frac{4\pi V p^2 \, dp}{h^3} \,.$$

Das Gewicht einer bestimmten Verteilung von Photonen auf die oben beschriebenen Kästen (Phasenraumschichten oder Frequenzbereiche) ist

$W = \dfrac{\Pi g_i{}^{N_i} N!}{\Pi N_i!}$. Die wahrscheinlichste Verteilung ist diejenige mit maximalem Gewicht. Üblicherweise bestimmt man das Maximum von $\ln W$ anstatt von W selbst, weil man dabei zu einfacheren Ausdrücken gelangt, indem die Stirlingsche Formel auf $\ln N_i!$ angewendet werden kann. Bei der Berechnung des Maximums ist eine Nebenbedingung zu beachten, da die Gesamtenergie $\Sigma N_i (hv)$ als fest vorgegeben anzusehen ist.[1] Nach der Methode von *Lagrange*, ein Maximum mit Nebenbedingung zu berechnen, findet man

$$N_p = g\, e^{-\frac{hv}{kT}} \,.$$

---

[1] Bei Gasen fordert man als weitere Nebenbedingung, daß auch die Gesamtteilchenzahl N vorgegeben ist. Es ist nicht sinnvoll, dies bei einem „Photonengas" auch anzunehmen, weil durch Absorptions- und Emissionsprozesse an den Hohlraumwänden dauernd die Photonenzahl geändert wird.

Setzen wir diesen Ausdruck für N_p in $\bar{E}$ ein und beachten den Zusammenhang $p = \dfrac{h\nu}{c}$, so erhalten wir die *Wiensche Strahlungsformel*

$$\bar{E} = \frac{8\pi}{c^3}\, V h\nu^3 e^{-\frac{h\nu}{kT}}\, d\nu.$$

Sie gibt $\bar{E}(\nu)$ im Bereich hoher Frequenzen richtig wieder, versagt aber bei mittleren und niedrigen Frequenzen.

Nur der Vollständigkeit wegen sei noch darauf hingewiesen, daß die Anwendung der *Einstein-Bose-Statistik*[1]), bei der die Photonen gänzlich als ununterscheidbar behandelt werden, zur richtigen, d. h. *Planckschen Strahlungsformel* (s. Einführung, Formel (4)) führt.

§ 3. Schwankungen der Energie im Strahlungsfeld

Wir haben oben gefunden, daß das *Wellenbild* des Lichtes zur *Rayleigh-Jeansschen* und das *Teilchenbild* zur *Wienschen Strahlungsformel* führt, wenn die Methoden der klassischen Statistik bei der Ableitung benutzt werden. Es ist nun interessant zu sehen, wie beide Auffassungen vom Wesen der Strahlung sich bei der Untersuchung der Energieschwankungen des Strahlungsfeldes bemerkbar machen, wenn das der Erfahrung in allen Frequenzbereichen entsprechende *Plancksche Gesetz* zugrunde gelegt wird (Überlegungen von *Ehrenfest*).

Eine zur Charakterisierung der Schwankungen geeignete Größe ist das mittlere Schwankungsquadrat $\overline{\varepsilon^2} = \overline{(E - \bar{E})^2}$, das sich nach $\overline{\varepsilon^2} = \overline{E^2} - \bar{E}^2$ berechnen läßt (s. [7]).

Wir stellen uns vor, unser System (ein mit Strahlung erfüllter Hohlraum) sei nach *Gibbs* Mitglied einer kanonischen Gesamtheit vieler gleichartiger Systeme; dann ergibt sich nach bekannten Formeln der statistischen Thermodynamik, daß die Wahrscheinlichkeit, in unserem System vom Volumen V im Frequenzintervall $d\nu$ die Energie E vorzufinden, gleich $e^{\frac{\varphi - E}{\Theta}}$ ist. $\Theta = kT$ ist der sog. Verteilungsmodul und φ eine von Θ abhängige Funktion, die aus

---

1) Auf die Ableitung der Quantenstatistiken von *Einstein-Bose* und von *Fermi-Dirac* soll verzichtet werden (s. [9]).

der Bedingung $\int e^{\frac{\varphi - E}{\Theta}} d\Omega = 1$ bei Integration über den gesamten Phasenraum Ω der Gesamtheit zu gewinnen ist, deren genaue Form wir aber nicht benötigen werden. Wir müssen nun mit Hilfe dieses Wahrscheinlichkeitsfaktors den Ausdruck $\overline{E^2} - \overline{E}^2$ berechnen. $\overline{E}$ ist definitionsgemäß

$$\overline{E} = \int E\, e^{\frac{\varphi - E}{\Theta}} d\Omega = \frac{\int E\, e^{\frac{\varphi - E}{\Theta}} d\Omega}{\int e^{\frac{\varphi - E}{\Theta}} d\Omega} = \frac{\int E\, e^{-\frac{E}{\Theta}} d\Omega}{\int e^{-\frac{E}{\Theta}} d\Omega};$$

wir differenzieren dies nach Θ

$$\frac{d\overline{E}}{d\Theta} = \frac{1}{\Theta^2}\, \frac{\int E^2 e^{-\frac{E}{\Theta}} d\Omega}{\int e^{-\frac{E}{\Theta}} d\Omega} - \frac{1}{\Theta^2}\left[\frac{\int E\, e^{-\frac{E}{\Theta}} d\Omega}{\int e^{-\frac{E}{\Theta}} d\Omega}\right]^2$$

und finden, daß dies bis auf den Faktor $\frac{1}{\Theta^2}$ schon die gesuchte Größe $\overline{\varepsilon^2}$ ist, also

$$\overline{\varepsilon^2} = \Theta^2 \frac{d\overline{E}}{d\Theta} = kT^2 \frac{d\overline{E}}{dT}\,.$$

Nach *Planck* ist $\overline{E} = \frac{8\pi}{c^3} V \frac{h\nu^3}{e^{\frac{h\nu}{kT}} - 1}\, d\nu$, und die Differentiation nach T ergibt

$$\frac{d\overline{E}}{dT} = \frac{8\pi}{c^3} V \frac{h^2\nu^4}{k\,T^2} d\nu \left[\frac{1}{e^{\frac{h\nu}{kT}} - 1} + \left(\frac{1}{e^{\frac{h\nu}{kT}} - 1}\right)^2\right].$$

Damit erhalten wir als mittleres Schwankungsquadrat der Energie im Volumen V des Strahlungsfeldes, bezogen auf das Frequenzintervall $d\nu$:

$$\overline{\varepsilon^2} = \overline{E}\left(h\nu + \frac{\overline{E}}{\frac{8\pi}{c^3} V\nu^2\, d\nu}\right);$$

als mittleres relatives Schwankungsquadrat $\dfrac{\overline{\varepsilon^2}}{\overline{E}^2}$ ergibt sich, wenn wir gleichzeitig die Photonenzahl $N_p = \dfrac{\overline{E}}{h\,v}$ und die Zahl der Eigenschwingungen $N_v = \dfrac{8\,\pi}{c^3} V\,v^2\,d\,v$ einführen,

$$\frac{\overline{\varepsilon^2}}{\overline{E}^2} = \frac{1}{N_p} + \frac{1}{N_v}.$$

Wir bekommen also das bedeutsame Ergebnis, daß sich das mittlere relative Schwankungsquadrat der Energie der Hohlraumstrahlung additiv zusammensetzt aus einem Anteil, der besagt, daß die gesamte Energie den Lichtquanten gehört, und einem zweiten Anteil, in dem zum Ausdruck kommt, daß auch gleichzeitig die gesamte Energie sich auf die Eigenschwingungen der Wellenbewegung verteilt, wie man sofort sieht, wenn man obige Rechnung einmal mit der Wienschen und zum anderen mit der Rayleighschen Strahlungsformel durchführt. Dieses Ergebnis ist anschaulich nicht zu verstehen, da sich eben Wellennatur und Teilchennatur des Lichtes in einem anschaulichen, einheitlichen Bild nicht vereinigen lassen. Daß man in den beiden Grenzfällen niedriger bzw. hoher Frequenzen mit der Wellenauffassung bzw. mit der Teilchenauffassung allein arbeiten kann, ohne eine grobe Vernachlässigung zu begehen, ist aus diesen Betrachtungen der Energieschwankungen ebenfalls wieder gut erkennbar. Einmal ist N_v klein und N_p groß, so daß das Wellenbild Geltung besitzt, und im zweiten Fall ist N_v groß und N_p klein und damit das Teilchenbild vorherrschend.

B. DUALISMUS DER MATERIE

Ähnlich wie beim Licht, so liegen auch bei der Materie[1]) empirische Befunde dafür vor, daß *Materie sowohl Teilchen- als auch Wellencharakter* besitzt. Wie schon in der Einführung bemerkt, wurde die *Wellennatur* der Materie erst in den 20er Jahren dieses Jahrhunderts deutlich nachgewiesen. Heute kennen wir so viele überzeugende Hinweise auf diese Materieeigenschaft, daß ein Zweifel an ihrer Realität durchaus unmöglich ist. Einige dieser Belege werden wir im § 5 besprechen.

Die Tatsache, daß die kleinsten Bausteine der Materie, Moleküle, Atome, Ionen, Elektronen usw., *Teilchencharakter* besitzen, ist uns heutzutage so geläufig, daß es beinahe überflüssig scheinen möchte, Belege hierfür im einzelnen aufzuführen. Trotzdem wollen wir die wichtigsten empirischen Hinweise kurz zusammenstellen; denn um sich die ganze Schärfe des Widerspruches zwischen Teilchen- und Wellenbild der Materie klarzumachen, ist es notwendig, sich die Grundlagen dieser beiden Bilder deutlich vor Augen zu halten.

§ 4. Teilchencharakter der Materie

a) Atome, Moleküle und Ionen; Teilchencharakter

Die Begriffe Atom und Molekül entstammen bekanntlich der Chemie. Dort ist schon verhältnismäßig früh (um 1800) die Hypothese aufgestellt worden, daß die Materie sich aus kleinsten Teilchen zusammensetze, die átomos (grch.), d. h. unteilbar, seien. Man stellte sich diese Teilchen als undurchdringliche, unteilbare Kügelchen vor. Diese Hypothese erklärte zwanglos die quantitativen Gesetze chemischer Reaktionen: Das Gesamtgewicht der bei solchen Reaktionen beteiligten Stoffe bleibt unverändert; die Substanzen verbinden sich nur nach festen, einfachen Gewichtsverhältnissen (Gesetz der konstanten und multiplen Proportionen, *Dalton*). — Die Erklärung dieser Gesetzmäßigkeiten mit

---

1) Der hier verwendete „*physikalische* ' Materiebegriff ist verschieden vom philosophischen Begriff der Materie. Vgl. hierzu das Vorwort.

Hilfe der Atomhypothese besteht nach *Avogadro* darin, daß eine chemische Reaktion stets auf einfachen Umgruppierungen der Atome bzw. Moleküle der beteiligten Substanzen beruht; wir brauchen hierauf wohl nicht näher einzugehen.

Daß man sich Moleküle und Atome als Teilchen vorstellen kann, die sich weitgehend wie makroskopische Kügelchen verhalten, wurde z. B. durch die Erfolge der kinetischen Wärmetheorien, insbesondere der *kinetischen Gastheorie*, in der 2. Hälfte des 19. Jahrhunderts sehr nahegelegt. Tatsächlich gelang es ja *Clausius*, *Maxwell* und *Boltzmann*, die thermodynamischen und mechanischen Eigenschaften idealer Gase mittels der statistischen Mechanik weitgehend zu deduzieren, wobei nur vorausgesetzt werden mußte, daß die Atome bzw. Moleküle eines Gases *Massenpunkte* sein sollten, die den Gesetzen der klassischen Newtonschen Mechanik unterworfen sind. Gewisse Tatsachen wurden dabei erst verständlich, wenn man einen endlichen, festen Radius dieser Teilchen einführte.

All diese Hinweise aber konnten noch nicht als wirkliche Beweise für die Existenz der Atome bzw. Moleküle angesehen werden, da sie indirekter Natur waren. Es fehlte noch ein direkter Nachweis dieser Teilchen. Ein solcher ist inzwischen mehrfach erzielt worden; wir nennen deren zwei: Die Entdeckung der *Röntgenstrahl-Interferenzen an Kristallen* sowie die Entwicklung der *Wilsonschen Nebelkammer*, mit der man die Bahnen einzelner geladener Atome (Ionen) direkt sichtbar machen kann. Mit dem Nachweis der Röntgenstrahl-Interferenzen an Kristallen ist bei Voraussetzung der Wellennatur der Röntgenstrahlen (s. Kapitel A) erwiesen, daß Kristalle tatsächlich diskontinuierliche Medien und keine Kontinua sind; Kristalle stellen somit nichts anderes dar als

Abb. 15. Typische Nebelkammeraufnahme von Ionenstrahlen

regelmäßige, geordnete Anhäufungen von Atomen bzw. Molekülen. Mittels der genannten Interferenzen kann sogar die wichtige Zahl L der Atome pro Mol ermittelt werden.[1]) — Zur Wilsonkammer-Methode braucht in diesem Zusammenhang wohl kaum etwas gesagt zu werden; seitdem man die Spuren einzelner Ionen mit ihrer Hilfe sichtbar machen kann (Abb. 15), ist ein Zweifel an der realen Existenz der Ionen und damit auch der Atome praktisch nicht mehr möglich.

b) Elektronen; Teilchencharakter

Aber auch die Bausteine der Atome (Elektronen und Atomkerne) verhalten sich in vieler Hinsicht wie Teilchen im Sinne der klassischen Physik. Da dies für Atomkerne beinahe selbstverständlich ist, nachdem man sich vom Teilchencharakter der Atome und Ionen überzeugt hat (ist doch in den Atomkernen praktisch die gesamte Masse der Atome vereinigt), wollen wir hier nur die Belege für den Teilchencharakter der Elektronen besprechen.

Zuerst wurde klar erwiesen, daß die Elektronen als ,,Atome der Elektrizität'' eine ganz bestimmte elektrische Ladung e besitzen. Dies geschah im berühmten *Millikanschen Öltröpfchenversuch*. Die Bewegung mikroskopisch kleiner, schwach elektrisch geladener Öltröpfchen im elektrostatischen Felde eines Kondensators offenbarte die Tatsache, daß diese Tröpfchen nur solche elektrische Ladungen tragen, die ganzzahlige Vielfache eben der Ladung e des Elektrons sind.

Daß diese Elektronen den Gesetzen der klassischen Mechanik (für geladene Massenpunkte) genügen, weiß man aus den vielfältigen Versuchen mit Kathodenstrahlen (Elektronenstrahlen). Dort läßt man elektrische und magnetische Felder vielerlei Art auf die dahinfliegenden Elektronen einwirken — immer reagieren sie auf die elektrodynamischen Kräfte genau nach den Gesetzen der klassischen Mechanik. Diese Experimente liefern auf verschiedenen Wegen immer wieder dieselbe Größe des Verhältnisses der Masse m des Elektrons zu seiner Ladung e. Nachdem man aus dem Millikan-Versuch die Größe e bereits kennt, hat man damit die Masse m eines Elektrons ermittelt. —

---

1) Man berechnete z. B. aus Messungen der Gitterkonstante von Kalkspat den Wert $L = (6{,}022 \pm 0{,}011) \cdot 10^{23}$.

4*

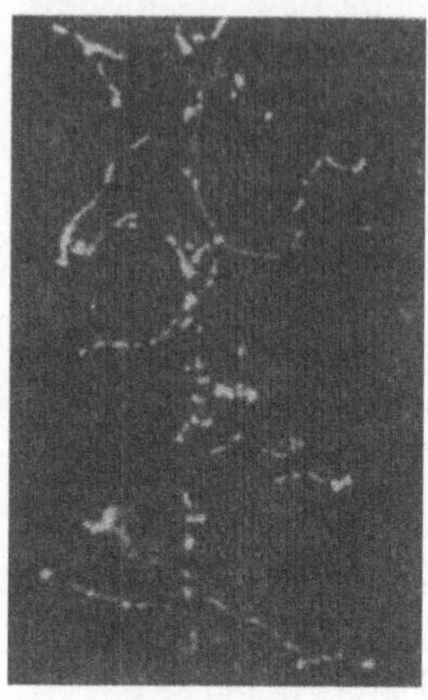

Abb. 16.
Nebelspuren von Streuelektronen (kurze Spuren in ungefährer Richtung des durch das vorliegende Wasserstoffgas verlaufenden Bündels kurzwelliger Röntgenstrahlen). Daneben Nebelspuren von Photoelektronen (längere Spuren). Nach *Bothe*

Freilich weisen alle bisher besprochenen Versuche die Existenz des Elektrons nicht gerade direkt nach; wir kennen aber heute auch eine ganze Anzahl direkter Nachweismethoden. Von ihnen seien zunächst genannt die um den *Compton-Effekt* angestellten feineren Experimente. Diese verfolgten das Ziel, den Elementarakt der Streuung von Licht an Elektronen zu beobachten. Sie haben tatsächlich, wie in Kapitel A ausführlicher dargelegt, ergeben, daß hierbei 1 Elektron und 1 Lichtquant wie Massenpunkte nach den Gesetzen der klassischen Mechanik aufeinanderstoßen. Wesentlich war bei diesem und dem größten Teil der anderen oben erwähnten Experimente die Möglichkeit, einzelne Elektronen entweder mit Hilfe der *Wilson-Kammer* (Abb. 16) oder mittels des *Zählrohrs* nachzuweisen. — An dieser Stelle sei erwähnt, daß wir heute auch noch andere Mittel zum Nachweis einzelner Elektronen besitzen, nämlich *Photoplatten* und *Kristallzähler*.

Es gibt gegenwärtig wohl keinen Physiker mehr, der an der Existenz einzelner Elektronen noch zweifelt. In vielen Experimenten verhalten sich diese Teilchen genau entsprechend den Gesetzen der klassischen Mechanik und Elektrodynamik. Ebenso eindeutig aber, wie der Teilchencharakter der Elektronen nachgewiesen ist, ebenso sicher weiß man heute, daß die Elektronen außerdem noch einen Wellencharakter besitzen, der sich bei gewissen Experimenten ganz deutlich äußert. Wir gehen jetzt zur Besprechung dieser Tatsachen über.

§ 5. Wellencharakter der Materie[1])

a) Elektronen

Am einfachsten und überzeugendsten ist der Nachweis des Wellencharakters der Elektronen. Ihm wollen wir deshalb zuerst unsere Aufmerksamkeit schenken. Wie bei jeder anderen Wellenart besteht der *Nachweis der Elektronenwellen* in der Erzeugung von *Interferenzerscheinungen* mit solchen Wellen.

Die ersten *Elektronenstrahl-Interferenzen* wurden an Kristallen entdeckt. Im März des Jahres 1927 berichteten *Davisson* und *Germer*, daß sie gewisse selektive Reflexionen eines Elektronenstrahles von einigen 100 eV an den Oberflächen eines Nickel-Einkristalles nachgewiesen hätten. Genauer handelte es sich um folgendes: Ein Elektronenstrahl fiel senkrecht auf die 111-Fläche eines solchen Kristalls. Außer dem senkrecht reflektierten Strahl fand man Reflexionen in andere Richtungen. In gewissen Richtungen traten scharfe Intensitätsmaxima auf, ihre Lage hing empfindlich von der Elektronenenergie ab. Das Ganze sah durchaus so aus wie ein *Laue-Rückstrahl-Diagramm* bei Röntgenstrahlen. Dort kommt ja das Beugungsbild dadurch zustande, daß jedes vom Primärstrahl getroffene Atom des Kristalles zum Zentrum einer kugelförmigen Sekundärwelle wird; die Überlagerung all dieser Streuwellen führt zu den charakteristischen Interferenzen, die man beobachtet. Nimmt man also an, daß die Elektronenstrahlung eine Wellenstrahlung sei und die Atome als Streuzentren für diese Wellen fungieren können, so versteht man diese eigenartigen Reflexionen zumindest qualitativ zwanglos. Dieselben Forscher haben später (1928) durch Veränderung des Einfallswinkels und der Geschwindigkeit der Elektronenstrahlen typische *Bragg-Reflexe* erzeugen können, wie sie von Röntgenstrahlen gut bekannt sind. Dabei kommt es bekanntlich (s. § 1, c) auf die Gangunterschiede des an der Oberfläche und den zur Oberfläche parallelen Netzebenen reflektierten Strahlen an. Bei gewissen Einfallswinkeln ergibt sich maximale Verstärkung dieser Teilstrahlen, bei anderen völlige Auslöschung. Die Lage dieser ausgezeichneten Winkel ist demnach durch Netzebenen-Abstand und Wellenlänge der Strahlung festgelegt. Bei

---

1) Vgl. hierzu [10].

bekannten Gitterkonstanten des Kristalls ist also die Wellenlänge aus solchen Versuchen ermittelbar. Es zeigte sich, daß die

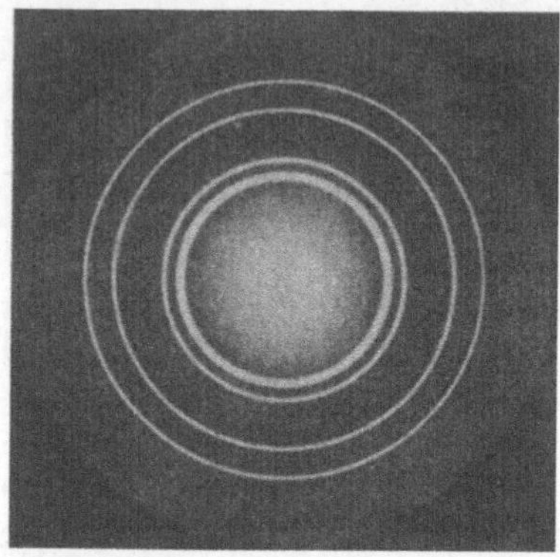

Wellenlänge λ der Elektronenstrahlen genau durch die
von *de Broglie* 3 Jahre vorher
spekulativ angegebene Formel

$$\lambda = \frac{h}{mv} \qquad (5.1)$$

bestimmt ist (h = Plancksche
Konstante, m = Elektronen-
Masse, v = Elektronen-Ge-
schwindigkeit).

Schon im Mai des Jahres 1927
teilten *G. P. Thomson* und
A. Reid mit, daß sie beim
Durchgang von Elektronen-
strahlen von einigen 10^4 eV
durch dünne Zelluloid-Folien
Debye-Scherrer-Ringe beobachtet hatten. In weiteren Arbeiten

Abb. 17. Debye-Scherrer-Diagramm von
Aluminium (Al, polykristallin, in einer
Schicht von etwa $4,5 \cdot 10^{-6}$ cm Dicke auf
Kollodiumfolie); aufgenommen mit Elek-
tronenstrahlen von $7 \cdot 10^4$ eV

von *G. P. Thomson* konnte
dieselbe Erscheinung auch
an dünnen Metallfolien
nachgewiesen werden (vgl.
Abb. 17); die Abhängig-
keit der Wellenlänge von
der Elektronengeschwin-
digkeit wurde von A. Reid
untersucht; es ergab sich
wieder das Gesetz (5.1).
Bald konnte man auch
typische *Laue-Diagram-
me* beim Durchstrahlen
dünner Einkristallschich-
ten mit Elektronen erhal-
ten (vgl. Abb. 18). Prak-
tisch alle Beugungsphäno-
mene, die man mit Rönt-
genstrahlen an Kristallen

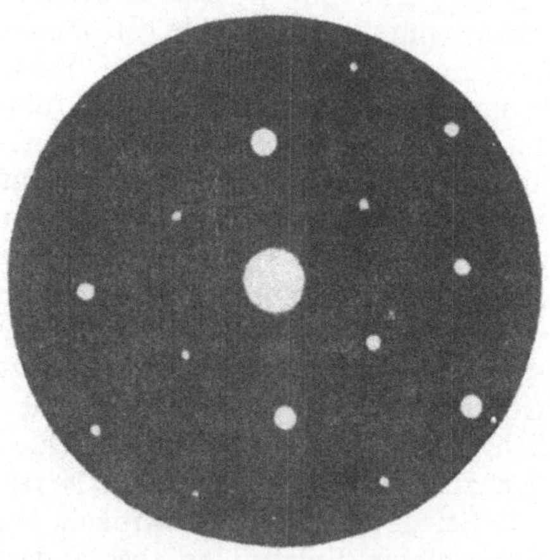

Abb. 18. Laue-Beugungsdiagramm von Natrium-
chlorid (NaCl, kubisch); Durchstrahlung einer
dünnen Einkristallschicht mittels Elektronenstrahlen von $3 \cdot 10^4$ eV

erzeugen kann, gibt es auch für Elektronenstrahlen. Natürlich sind entsprechende Beugungsphänomene bei Elektronen- und Röntgenstrahlen nur grob und nicht in Feinheiten die gleichen. Unterschiede sind schon deshalb zu erwarten, weil ja die Wellenlänge (5.1) der Elektronenwellen bei Durchgang durch einen Kristall örtlich veränderlich sein wird: Auf die Elektronen wirken innerhalb (und in unmittelbarer Nähe) des Kristalls komplizierte Kraftfelder, die eine Ortsabhängigkeit der Geschwindigkeit v und damit eine solche von λ erzeugen. Diese Komplikation tritt bei Röntgenstrahlen nicht ein. In solchen und anderen Feinheiten also unterscheiden sich Elektronen- und Röntgenphänomene an Kristallen.

Wegen dieser Kompliziertheit der Elektronenbeugung an Kristallen ist es sehr zu begrüßen, daß im Jahre 1940 *H. Boersch* Elektronenbeugung bei einem im Prinzip viel einfacheren Vorgang beobachten konnte. Es handelt sich um die *Fresnelsche Beugung* eines Elektronenstrahls an einer geraden, elektronenundurchlässigen Kante. In Abb. 19 sieht man das Schema der Versuchsanordnung und eine Aufnahme des experimentellen Resultates in Übereinstimmung mit den Vorhersagen der Wellentheorie. Hier braucht also über die atomare Struktur der Kante nichts vorausgesetzt zu werden; es genügt die Annahme, die Elektronenstrahlung sei eine Wellenstrahlung mit einer Wellenlänge, die sich wieder richtig aus der de Broglie-Beziehung (5.1) ergibt.

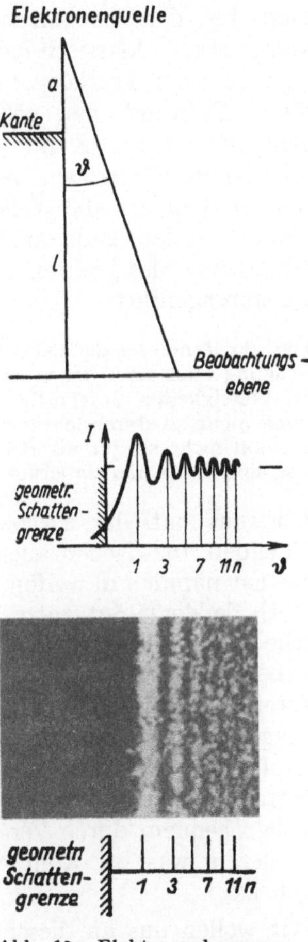

Abb. 19. Elektronenbeugung an einer Kante aus Aluminiumoxyd (Al_2O_3): oben Versuchsanordnung; mitte Intensitätsverteilung. Wellenlänge $6,6 \cdot 10^{-10}$ cm, d. h. Energie $3,4 \cdot 10^4$ eV; $a = 3,5 \cdot 10^{-2}$ cm; $l = 31,3$ cm

Nach unserer Meinung ist dieses Experiment besonders gut geeignet, davon zu überzeugen, daß hier die Gesetze der klassischen Mechanik völlig versagen. Die beobachteten Maxima und Minima der Elektronenstrahl-Intensität auf der Photoplatte sind ein eindeutiger Beweis für die Wellennatur der Strahlung. Während man bei den Beugungsversuchen an Kristallen noch auf die komplizierte klassisch-mechanische Bewegung der Elektronen innerhalb der Festkörper hinweisen konnte, fällt die Möglichkeit dieses Einwands hier völlig weg. Fast ebenso eindeutig wie die Beugung an der Kante erweisen die ebenfalls in neuerer Zeit erhaltenen Elektronen-Beugungsfiguren an künstlich hergestellten Strichgittern die Wellennatur der Elektronen. Solche Experimente werden ganz analog den entsprechenden, in Kapitel A (Dualismus des Lichtes) erwähnten Versuchen mit Röntgenstrahlen durchgeführt.

Nur am Rande sei die Tatsache erwähnt, daß man inzwischen Elektronenbeugung auch an Atomen und Molekülen in gasförmigem Zustand sowie an Flüssigkeiten untersucht hat. Doch sind die hierbei erzielten Ergebnisse nicht so durchsichtig wie die bisher besprochenen; sie eignen sich deshalb nicht so gut als Belege für den Wellencharakter der Elektronen und sind daher hier unberücksichtigt geblieben.

Übrigens hat die *Elektronenbeugung*, besonders an kristallinen Gebilden, inzwischen auch große technische Bedeutung erhalten. Sie hat nämlich in weiten Bereichen der Materialuntersuchung die Methode der Röntgenstrahlbeugung völlig verdrängt. Zwei Vorteile der Elektronenstrahl-Methode sind es, die hierzu geführt haben: Man kann erstens Elektronenstrahlen wesentlich höherer Intensität herstellen als Röntgenstrahlen, so daß die Belichtungszeiten bei Interferenz-Photos etwa 24 Stunden für Röntgenstrahlen, aber nur wenige Sekunden für Elektronenstrahlen betragen. Zweitens kann man die Wellenlänge der Elektronenwellen bequem durch Veränderung der Beschleunigungsspannung variieren, was bei Röntgenstrahlen nicht in diesem Maße möglich ist.

Wir wollen uns an dieser Stelle überlegen, welche Wellenlängen man bei Elektronenstrahlen technisch bequem erreichen kann. Dazu gehen wir von der de Broglie-Beziehung (5.1) aus:

$$\lambda = \frac{h}{mv}.$$

Die Elektronen-Geschwindigkeit v entnimmt man am einfachsten dem Energiesatz; ist V die Beschleunigungsspannung, e die Elektronen-Ladung, so gilt

$$\frac{m}{2}\, v^2 = eV, \quad \text{also} \quad \lambda = \frac{h}{\sqrt{2\,m\,e\,V}}\,.$$

Mit den bekannten Zahlenwerten von m, e und h ergibt das

$$\lambda = \sqrt{\frac{150 \text{ Volt}}{V}}\,[\text{Å}]\,,$$

d. h., mit $V = 150$ Volt Beschleunigungsspannung erhält man gerade eine Wellenlänge von 1 Å, mit $V = 10$ kV Beschleunigungsspannung z. B. ergibt sich $\lambda = 0{,}122$ Å. Diese Wellenlängen sind etwa die gleichen wie die von harten Röntgenstrahlen, so daß die Analogie der Beugungsphänomene der Elektronen mit denen der Röntgenstrahlen verständlich wird. Andererseits enthält die Kleinheit dieser Wellenlängen die Erklärung dafür, daß man an makroskopischen Objekten keine Elektronenbeugung beobachten kann.

Es sei an dieser Stelle auch darauf hingewiesen, daß die Beziehung (5.1) in der angeschriebenen Form nur für den nichtrelativistischen Bereich Gültigkeit hat, wenn man unter m die Ruhmasse des Elektrons versteht. Die Gleichung (5.1) bleibt jedoch auch in einer relativistischen Quantentheorie gültig, wenn man dann m als geschwindigkeitsabhängige relativistische Elektronenmasse ansieht. Wir werden aber im größten Teil dieses Buches nichtrelativistische Quantenphysik betreiben; daher soll auf jeden Fall m in den Kapiteln B, C und D stets die Ruhmasse bedeuten.

b) Atome und Moleküle

Wir haben bisher nur über Interferenzerscheinungen bei Elektronenstrahlen berichtet. Für diese, davon haben wir uns überzeugt, ist die de Broglie-Beziehung experimentell bestätigt. Mit der Bewegung von Elektronen ist also ein Wellenvorgang verknüpft, bei dem sich diese „Elektronenwellen" in mancher Hinsicht ähnlich wie Lichtwellen verhalten. Atome, Moleküle und andere feste Materie stellen für sie Streuzentren dar. Dort, wo die Wellenfunktion identisch Null ist, kommt kein Elektron hin.
Die Physiker sind aber heute davon überzeugt, daß nicht nur der Bewegung von Elektronen irgendwie die Ausbreitung von Wellen

zugeordnet ist; sie glauben vielmehr, daß der *Bewegung jeder Art von Materie* in analoger Weise *Wellenvorgänge zuzuordnen* seien. Dabei soll die Verknüpfung zwischen Masse m, Geschwindigkeit v und Wellenlänge λ dieser „*Materiewellen*" wieder durch die de Broglie-Beziehung (5.1) dargestellt sein. — Dieser Glaube der Physiker ist nur teilweise durch direkte Beobachtung bestätigt, aber es spricht auch keine einzige Beobachtung gegen ihn. Genauer ist es so: Um den Wellencharakter irgendeiner Strahlung nachweisen zu können, muß man mit dieser Strahlung Interferenzen erzeugen. Interferenzen lassen sich aber nur nachweisen, wenn man diese Strahlen an Objekten beugt, deren Ausdehnung die Größenordnung der Wellenlänge der betreffenden Strahlung hat. Da aber diese Wellenlänge $\lambda \sim \dfrac{1}{mv}$ ist, wird λ mit wachsendem m bei etwa gleichem v ständig kleiner, und dieses Absinken von λ mit wachsendem m läßt sich durch kleinere v nicht völlig kompensieren, weil man mit zu langsamen Materiestrahlen praktisch nicht experimentieren kann. Denkt man etwa an thermische Geschwindigkeiten von Atomen bei Zimmertemperatur, so kann man folgende mittlere Wellenlängen berechnen:

$$
\begin{array}{ll}
\text{H-Atome:} & \lambda = 1{,}14 \cdot 10^{-8}\,\text{cm} \\
\text{H}_2\text{-Moleküle:} & \lambda = 0{,}80 \cdot 10^{-8}\,\text{cm} \\
\text{He-Atome:} & \lambda = 0{,}57 \cdot 10^{-8}\,\text{cm} \\
\text{Hg-Atome:} & \lambda = 0{,}08 \cdot 10^{-8}\,\text{cm.}
\end{array}
$$

Beugende Objekte aber, deren Abmessungen wesentlich kleiner als 10^{-8} cm sind, kennen wir nicht. Deshalb kann man empirisch den Nachweis der Materiewellen für schwerere Atome, Moleküle und erst recht makroskopische Gebilde nicht erbringen und auch nicht erwarten, sobald man (5.1) als gültig ansieht. (Wir werden übrigens sogleich noch eine zweite Schwierigkeit des Nachweises von Materiewellen schwerer Teilchen kennenlernen.) Aus dem Gesagten wird verständlich, weshalb man Materiewellen bisher direkt nur bei Protonen-, Neutronen-, H_2-Molekül- und He-Atom-Strahlen nachweisen konnte.

Einen indirekten Hinweis auf die Wellennatur auch der schwersten Atome und Moleküle kann man aus dem *Abfall der spezifischen Wärmen aller Festkörper* bei tiefen Temperaturen auf Null ablesen. Wie wir in der Einführung (S. 3) sahen, ist ja dieser Abfall nur zu verstehen, wenn die betreffenden Oszillatoren (Atome bzw. Moleküle des Festkörpers) der Planckschen Quantenhypothese unterworfen sind. Diese Hypothese aber ist, wie wir im § 7 sehen werden, zwanglos aus dem Wellenbild der Materie herleitbar, also eine Folge der Wellennatur der betreffenden Teilchen.

Wir wenden uns nun der Besprechung der erwähnten Beugungsexperimente an *Atom- und Molekülstrahlen* zu. Ein eindeutiger Nachweis von Interferenzerscheinungen bei Atom- bzw. Molekülstrahlen ist bisher nur bei H_2- und He-Strahlen gelungen; die ersten erfolgreichen experimentellen Arbeiten hierzu wurden von *O. Stern* 1929 veröffentlicht. Hierbei ließ Stern thermisch erzeugte Gasströme durch geeignete Blenden zu feinen Strahlen der betreffenden Gase werden. Die Strahlen fielen dann auf die Spaltfläche eines geeigneten Kristalls und wurden an dieser Oberfläche unter günstigen Bedingungen gebeugt. Man erhielt genau die *Laue-Interferenzen* des Flächengitters, das die Atome bzw. Moleküle der Oberfläche dieses Kristalls bilden. Damit war die Existenz von Materiewellen auch bei H_2- und He-Molekülstrahlen einwandfrei sichergestellt.

Der Nachweis dieser Interferenzen war freilich mit sehr großen Schwierigkeiten verbunden, von denen einige noch erwähnt werden sollen. Da ist zunächst die Tatsache zu bemerken, daß Gasstrahlen gewöhnlich an Oberflächen nicht regulär reflektiert werden; d. h., wenn man einen Gasstrahl auf eine noch so gut polierte Fläche auffallen läßt, erhält man i. allg. keineswegs einen definierten reflektierten Strahl. Vielmehr werden die Gasteilchen meist mit vollkommen unregelmäßigen Richtungen von der Fläche zurückkehren, was darauf beruht, daß sie kurzzeitig an der Oberfläche adsorbiert waren. Man könnte diesen Prozeß „inkohärente Streuung" nennen. Er tritt i. allg. um so häufiger auf, je schwerer die Gasteilchen sind; diese neigen dann mehr zur Adsorption. (Das ist der oben angekündigte zweite Grund dafür, daß bei schwereren Teilchen ein direkter Nachweis der Wellennatur bisher nicht gelungen ist.) Natürlich hängt der Effekt auch von der Art und Vorbehandlung der Kristallfläche ab; als besonders geeignet zur Erzeugung kohärenter Streuung haben sich die frischen Spaltflächen von LiF, NaF, NaCl, KJ und verwandter Substanzen erwiesen. — Eine weitere große Schwierigkeit besteht in der Herstellung der Gasstrahlen selbst. Man erhält wirkliche Strahlen natürlich nur dann, wenn die freie Weglänge der Strahlteilchen in der Größenordnung der vom Strahl zurückzulegenden Strecke liegt. Dies erfordert ein hohes Vakuum innerhalb der Apparatur. Dieses Vakuum aber wird durch die Strahlen selbst ständig wieder verschlechtert; man darf also nicht zu große Intensitäten der Gasstrahlen verwenden, sonst können die Pumpen das nötige Vakuum nicht aufrechterhalten. Diese Beschränkung der Strahlintensität aber bringt eine dritte wesentliche Schwierigkeit mit sich: Die Messung solcher geringer Intensitäten ist außerordentlich schwierig. *Stern* und Mitarbeiter haben jedoch Methoden entwickelt, auch dieses Problem erfolgreich zu lösen. Im Prinzip wird die Verteilung des Gasstrahles auf die verschiedenen Richtungen stets mittels eines Auffangkäfigs abgetastet: Die Gasteilchen der gewünschten Richtung treten in eine kleine Kammer ein, in der sie eine (natürlich sehr kleine) Druckerhöhung hervorrufen; diese Druckerhöhung wird mit genügend empfindlichen Manometern als Funktion der Richtung registriert.

Die ersten Versuche dieser Art wurden mit Gasstrahlen rein thermischen Ursprungs durchgeführt, bei denen also die Geschwindigkeiten statistisch, etwa entsprechend dem Maxwellschen Gesetz, verteilt waren. Man hatte es demnach auch nicht mit einer Materiewelle einheitlicher Wellenlänge zu tun; dementsprechend waren die Beugungsfiguren nicht sehr scharf. Zur genauen Nachprüfung der Beziehung (5.1) eigneten sich solche Strahlen deshalb nicht sonderlich gut. Es entstand daher als weitere schwierige Forderung die nach Herstellung eines Gasstrahles möglichst einheitlicher Geschwindigkeit. Nach allen früher genannten und vielen ungenannten Schwierigkeiten haben *Stern* und seine Mitarbeiter mit großem Scharfsinn und bewunderungswürdiger Experimentierkunst auch das letztgenannte Problem lösen können. Es wurden sogar zwei verschiedene Methoden entwickelt, „monochromatische" Gasstrahlen zu erzeugen. Die eine ist mechanischer Natur: Rotierende Zahnräder mit versetzten Zähnen lassen nur Teilchen mit gewisser Geschwindigkeit durch die Lücken zwischen den Zähnen hindurch. Die andere benutzt im wesentlichen die Tatsache, daß man durch Beugung an Kristalloberflächen in gewissen Richtungen nur Strahlen einheitlicher Wellenlänge findet; sie ist also das genaue Analogon der bekannten Methode zur Erzeugung monochromatischer Röntgenstrahlen. Da das erste Verfahren Absolutmessungen der Geschwin-

digkeit der Teilchen zuläßt, ist es zur Nachprüfung der de Broglie-
Beziehung (5.1) am besten geeignet und ergibt auch ihre volle
Bestätigung.
Schließlich wollen wir lediglich noch erwähnen, daß auch für
Protonen und Neutronen durch Beugung an Kristallen Interferenz-
erscheinungen direkt nachgewiesen werden konnten. Auch dort
wurde die Formel (5.1) nachgeprüft und als zutreffend erkannt.

§ 6. Einige allgemeinere Bemerkungen

Wir haben nun die wichtigsten Belege für die Dualität der Materie
kennengelernt. Materie verhält sich also in gewisser Hinsicht so,
als ob sie aus *Teilchen* im Sinne der klassischen Mechanik be-
stünde. In anderer Hinsicht aber verhält sich ein Materiestrahl
wie eine *Wellenstrahlung* und genügt ganz ähnlichen Gesetzen wie
etwa die Wellen des Maxwellschen elektromagnetischen Feldes.
Es bedarf wohl nur weniger Worte, um die tiefgehenden Wider-
sprüche zwischen diesen beiden Charakteren der Materie anzu-
deuten. Da ist zunächst die Tatsache zu nennen, daß der eine
Charakter wesentlich die *diskrete* Natur der Materie zum Ausdruck
bringt: Es gibt kleinste Teilchen (Elementarteilchen), deren Tei-
lung (wenn überhaupt möglich) zu ganz anderen Teilchenarten
führt. Z. B. gibt es eben in der Natur keine halben Elektronen,
keine halben Protonen und keine geteilten Neutronen. Demgegen-
über ist der Wellencharakter wesentlich *kontinuierlicher* Natur:
Materiewellen beliebig kleiner Intensität z. B. sind ebenso wie
Lichtwellen sehr geringer Stärke ohne weiteres denkbar. — Der
Wellencharakter der Materie andererseits macht uns ihre *Interferenzfähigkeit* sofort verständlich. Interferenzen von Teilchen-
strahlen aber sind uns völlig unvorstellbar: Teilchen können sich
nicht gegenseitig auslöschen! —
Wir werden bald noch weitere Vor- und Nachteile der beiden
Bilder der Materie kennenlernen; überall aber wird es so sein,
daß wir zum Verständnis der *Gesamtheit* der Eigenschaften der
Materie Teilchen- *und* Welleneigenschaften nebeneinander heranziehen müssen. Dabei ist es durchaus nicht so, wie gelegentlich
angenommen wird, daß für gewisse empirische Tatsachen die
Wellennatur der Materie *allein* ein vollständiges Verständnis ermöglicht, für gewisse andere Tatsachen aber die Beachtung des

Teilchencharakters *allein* völlig ausreicht. Vielmehr werden wir noch, viele Beispiele dafür kennenlernen, daß Teilchen- und Wellennatur *gleichzeitig* beachtet werden müssen. Die Materie, so wird sich herausstellen, besteht eben weder aus Teilchen im klassischen Sinne noch aus einem Wellenfeld im klassischen Sinne; sie ist *etwas Drittes*, für das uns noch Vorstellung und Worte fehlen, das wir z. Z. nur mathematisch beschreiben können. Hierauf wird an geeigneter Stelle nochmals eingegangen werden. Im Augenblick aber können wir die mathematische Synthese von Teilchen- und Welleneigenschaften der Materie noch nicht vornehmen, weil wir über die mathematischen Eigenschaften der Materiewellen noch allzu wenig mitgeteilt haben. Diese Lücke muß zunächst geschlossen werden; es muß deshalb jetzt eine Theorie der durchaus klassischen Materiewellen entwickelt werden, die der klassischen Punktmechanik gegenübergestellt werden kann.

§ 7. Klassische Theorie der Materiewellen[1])

Der Aufbau einer solchen Wellen- oder Feldtheorie der Materie ist natürlich nicht ganz willkürfrei durchführbar. Die folgenden Zeilen sind deshalb nicht als strenge Herleitung der Grundgleichung jener Theorie aufzufassen; sie sollen die Form dieser Gleichung lediglich plausibel machen. Ihre Leistungen wie auch ihre Grenzen werden in den späteren Betrachtungen dieses Kapitels dargelegt; aus ihnen mag man den Grad des Wahrheitsgehaltes dieser Gleichung entnehmen.

Stellen wir zunächst unsere bisherigen Kenntnisse über die Eigenschaften der Materiewellen zusammen: Einem Materiestrahl, bestehend aus Teilchen einheitlicher Masse m und Geschwindigkeit v, ist (in Analogie zu einem Lichtstrahl) eine *ebene Welle (Materiewelle)* der Wellenlänge

$$\lambda = \frac{h}{m\,v} \tag{7.1}$$

zuzuordnen. Von diesen Wellen wissen wir aus obigen Beugungsexperimenten, daß sie von Atomen, Molekülen und anderen

---

1) Ausführlich behandelt in [11] oder [3a].

„Hindernissen" ganz ähnlich wie elektromagnetische Wellen *gestreut* werden können. Materiewellen sind unter gewissen Bedingungen (Kohärenz!) *interferenzfähig* wie Lichtwellen.

Die Abhängigkeit der Wellenlänge der Materiewellen von der Geschwindigkeit gemäß (7.1) hat zur Folge, daß man ebene Wellen nur in solchen Raumgebieten erwarten kann, in denen die Materie sich unbeschleunigt bewegt, in denen also keine Kräfte auf sie wirken. Die Bewegung von Materiestrahlen durch Kraftfelder hindurch, etwa durch Atome, Moleküle oder Kristalle, wird also in Strenge nicht mittels ebener Wellen darstellbar sein; wir müssen dort kompliziertere Wellenvorgänge erwarten.

Um Wellen mathematisch behandeln zu können, muß man die Gleichung kennen, der sie genügen. Die Aufstellung dieser Wellengleichung ist deshalb unser nächstes Ziel. Wir beschränken uns dabei zunächst auf den Fall fehlender Kräfte, werden aber gleich danach auch konservative Kräfte in Betracht ziehen.

a) Kräftefreier Fall

Der Aufbau einer solchen Wellengleichung ist möglich, wenn man eine oder mehrere Typen von partikulären Lösungen der gesuchten Gleichung kennt. Ein solcher Typ ist im kräftefreien Fall die ebene Welle

$$\psi \sim e^{i\,(\mathfrak{k}\,\mathfrak{r} - \omega\,t)} \tag{7.2}$$

($\mathfrak{r}, t$ = Orts- und Zeitvariable des Wellenfeldes, $\mathfrak{k}$ = „Ausbreitungsvektor"[1]) und ω = Kreisfrequenz der Welle). Den Zusammenhang zwischen $\mathfrak{k}$ und den charakteristischen Teilchengrößen kennen wir; unbekannt ist uns aber noch der Zusammenhang zwischen ω und irgendwelchen Teilchengrößen oder aber die Beziehung zwischen ω und $\mathfrak{k}$. Zur Ermittlung dieser Funktion $\omega(\mathfrak{k})$ (Dispersionsbeziehung) machen wir die naheliegende Annahme, daß die Verknüpfung zwischen den Größen des Teilchen- und denen des Wellenbildes der Materie die gleiche ist wie beim Licht. Dort hatten wir gesehen (Kapitel A, § 2, d), daß Energie E sowie

---

1) $|\mathfrak{k}| = \dfrac{2\pi}{\lambda} = \dfrac{2\pi}{h}\, m\,v$; $\mathfrak{k}$-Richtung = Richtung der Geschwindigkeit der Materie.

Impuls $\mathfrak{p}$ eines Lichtquants mit Kreisfrequenz ω und Ausbreitungsvektor $\mathfrak{k}$[1]) der Lichtwellen gemäß den Formeln

$$E = \hbar\omega, \quad \mathfrak{p} = \hbar\mathfrak{k} \quad \left(\hbar = \frac{h}{2\pi}\right) \tag{7.3}$$

verknüpft sind. Man erkennt, daß die zweite dieser Beziehungen im wesentlichen unsere de Broglie-Relation (7.1) ist; ihre Gültigkeit auch für Materie ist demnach experimentell gesichert. Es wird also jetzt die Annahme eingeführt, daß für Materie außerdem auch gelte

$$E = \hbar\omega.$$

Aus dem Energiesatz der Mechanik $E = \frac{\mathfrak{p}^2}{2m}$ (im kräftefreien Fall) erschließt man dann sofort die gesuchte *Dispersionsbeziehung*

$$\omega = \frac{\hbar}{2m}\,\mathfrak{k}^2. \tag{7.4}$$

Diese Beziehung, die ja aus der Grundgleichung der Materiewellen folgen muß, schränkt die möglichen Formen dieser Wellengleichung wesentlich ein. Z. B. kann diese Gleichung nicht mehr vom Typ $\frac{\partial^2\psi}{\partial t^2} \sim \Delta\psi$ (vgl. § 1, f) sein, da hierzu die Dispersionsbeziehung $\omega^2 \sim \mathfrak{k}^2$ gehört; der Typ $\frac{\partial\psi}{\partial t} \sim \Delta\psi$ liefert aber die obige Relation zwischen ω und $\mathfrak{k}$. Den richtigen Faktor ergibt genauer

$$i\,\frac{\partial\psi}{\partial t} = -\,\frac{\hbar}{2m}\Delta\psi. \tag{7.5}$$

Dies ist die einfachste Gleichung der geforderten Art; wir werden zunächst ihre Eigenschaften prüfen. Dabei wird sich zeigen, daß sie alle unsere Bedürfnisse durchaus befriedigt, also als Grundgleichung der Theorie der Materiewellen im kräftefreien Fall angesehen werden kann.

b) Fall eines Kraftfeldes mit Potential

Zunächst aber soll noch ein Kraftfeld eingeführt werden, das ein Potential $U(\mathfrak{r})$ besitzt. Dazu gehen wir wieder vom klassischen Energiesatz aus:

$$E = \frac{\mathfrak{p}^2}{2m} + U(\mathfrak{r}).$$

---

1) $|\mathfrak{k}| = \dfrac{2\pi\nu}{c} = \dfrac{\omega}{c}$; $\mathfrak{k}$-Richtung = Richtung der Lichtausbreitung.

Die durch (7.3) ausgedrückte Übersetzung der Teilchen- in Wellengrößen behalten wir bei, so daß jetzt

$$\omega = \frac{\hbar}{2m}\,\mathfrak{k}^2 + \frac{1}{\hbar}\,U(\mathfrak{r})$$

als Dispersionsbeziehung entsteht. $U(\mathfrak{r})$ bringt also einen örtlich veränderlichen „Brechungsindex" zustande. — Wir denken vorübergehend speziell an die Bewegung elektrisch geladener Teilchen (Ladung e) in einem elektrostatischen Potential V; dann ist also $U = eV$. Ferner ersetzen wir die typischen Teilchengrößen e, m und die Quantengröße $\hbar$ durch andere Parameter, die dem klassischen Feldcharakter unserer Theorie besser angepaßt sind; es seien $\frac{m}{\hbar} = \eta$; $\frac{e}{\hbar} = \zeta$, womit unsere Dispersionsbeziehung endgültig in folgender Gestalt erscheint:

$$\omega = \frac{1}{2\eta}\,\mathfrak{k}^2 + \zeta\,V(\mathfrak{r}). \tag{7.6}$$

Hieraus schließt man für ein beliebiges, aber konstantes V genau wie oben auf die Wellengleichung

$$i\,\frac{\partial\psi}{\partial t} = -\,\frac{1}{2\eta}\,\Delta\psi + \zeta V\psi. \tag{7.7}$$

Auch für stückweise konstantes V muß diese Gleichung gelten; es liegt nahe, (7.7) versuchsweise als *Grundgleichung* der Theorie der Materiewellen in beliebigen ortsabhängigen Potentialen V anzusehen. Dies hat sich durchweg bewährt, wie wir noch sehen werden.

c) Physikalische Bedeutung der Wellenfunktion

Bevor wir einige Eigenschaften von (7.7) genauer betrachten, müssen wir uns noch über die geometrische und physikalische Bedeutung der zur mathematischen Beschreibung des Materiefeldes eingeführten Größe $\psi(\mathfrak{r}, t)$ klar werden. In geometrischer Hinsicht soll ψ übrigens bis auf weiteres als *skalare Größe* angesehen werden. Sicher wissen wir in physikalischer Hinsicht bisher nur, daß die Amplitude von $\psi(\mathfrak{r}, t)$ irgendwie mit der Intensität des Materiestrahles am Orte $\mathfrak{r}$ zur Zeit t zusammenhängt. Wir verschärfen diese Aussage jetzt dahingehend, daß die Größe

$$\psi^*(\mathfrak{r}, t)\,\psi(\mathfrak{r}, t) = \varrho(\mathfrak{r}, t) \tag{7.8}$$

die *Dichte der Materie* am Ort $\mathfrak{r}$ zur Zeit t bedeuten soll. Diese Verschärfung ist natürlich wieder nicht ganz willkürfrei; es ist aber der einzige in ψ bilineare Ausdruck, der die an eine Materiedichte zu stellenden Forderungen befriedigt.

Die beiden wichtigsten Forderungen sind:

1. ϱ muß positiv definit sein.

2. Es muß einen Erhaltungssatz für die Gesamtmenge der Materie $\int_G \varrho \, d\tau$ in einem abgeschlossenen Gebiet G geben.

Wir können in diesem Rahmen nicht die allgemeinst mögliche ϱ-Funktion suchen, die diesen beiden Bedingungen genügt; vielmehr wollen wir uns damit begnügen zu zeigen, daß unsere Verabredung (7.8) mit den eben formulierten Bedingungen verträglich ist. Bezüglich 1. brauchen wir uns nicht aufzuhalten. Bezüglich 2. hat man sich vor allem davon zu überzeugen, daß es einen Erhaltungssatz im Infinitesimalen gibt. Genauer gesagt, hat man nachzuprüfen, ob es zu dem gegebenen ϱ (definiert durch (7.8) einen Vektor $\mathfrak{j}$ gibt, der mit $\dfrac{\partial \varrho}{\partial t}$ auf Grund der Feldgleichung (7.7) in der Beziehung

$$\frac{\partial \varrho}{\partial t} + \operatorname{div} \mathfrak{j} = 0 \tag{7.9}$$

steht. Gibt es einen solchen Vektor $\mathfrak{j}$, dann wird man diese Gleichung in Analogie etwa zur Kontinuitätsgleichung der Hydrodynamik als Ausdruck der Erhaltung der Materie im Kleinen ansehen können. Der Vektor $\mathfrak{j}$ ist dann natürlich als *Vektor der Strömungsdichte der Materie* aufzufassen: Die zeitliche Änderung der in einem festen, infinitesimalen Volumelement enthaltenen Materiemenge wird bestimmt durch die Differenz von Zufluß und Abfluß durch die Oberflächen des Elementes.

Es läßt sich zeigen, daß es zu obigem ϱ und obiger Feldgleichung tatsächlich einen solchen $\mathfrak{j}$-Vektor gibt:

$$\mathfrak{j} = \frac{1}{2 i \eta} \left(\psi^* \operatorname{grad} \psi - \psi \operatorname{grad} \psi^* \right). \tag{7.10}$$

Der Beweis für diese Behauptung läßt sich etwa folgendermaßen führen: Man bilde entsprechend (7.8) $\dot{\varrho} \left(\equiv \dfrac{\partial \varrho}{\partial t} \right)$. Die hierbei auftretenden $\dot{\psi}, \dot{\psi}^*$ ersetze man nach (7.7) durch ψ, ψ^*, $\Delta \psi$ und $\Delta \psi^*$. Unter Beachtung der Definition von Δ und einer Regel der Vektoranalysis für die Differentiation läßt sich der erhaltene Ausdruck dann als Divergenz des obigen Vektors $\mathfrak{j}$ schreiben.

Mit der Gültigkeit des Erhaltungssatzes (7.9) im Infinitesimalen ist aber i. allg. noch nicht die Gültigkeit des integralen Satzes

$$\frac{d}{dt}\int_G \varrho\,d\tau = 0 \qquad (7.11)$$

garantiert. Man kann zwar aus (7.9) sofort schließen, daß

$$\frac{d}{dt}\int_G \varrho\,d\tau + \int_O \mathfrak{j}\cdot d\mathfrak{o} = 0$$

gilt ($d\mathfrak{o}$ = vektorielles Oberflächenelement; das zweite Integral ist über die Oberfläche O von G zu erstrecken). Demnach braucht ja das zweite Integral für beliebiges $\mathfrak{j}$ und G i. allg. noch nicht zu verschwinden. Wir hatten aber speziell von einem *abgeschlossenen* Gebiete G gesprochen. Damit war genauer gemeint, daß Materie sich nur im Innern dieses Gebietes befinden solle; d. h., außerhalb soll ψ identisch verschwinden. Da $\mathfrak{j}$ nach (7.10) von ψ bilinear abhängt, läßt sich unter solchen Bedingungen aus (7.9) auch (7.11) folgern. Eine abgeschlossene Materieansammlung bleibt also in ihrer Menge zeitlich unverändert, was unserer unmittelbaren Erfahrung durchaus entspricht.

d) Einige Folgerungen

Gehen wir nun dazu über, einige wichtige Eigenschaften unserer klassischen Feld- oder Wellentheorie der Materie herzuleiten und zu diskutieren. Wir wenden uns zunächst dem *Ehrenfestschen Theorem* zu. Dieses Theorem sagt etwas aus über die Bewegung des Schwerpunktes eines beliebigen Wellenpaketes, falls dieses Paket Lösung unserer Feldgleichung (7.7) ist. Unter einem *Wellenpaket* soll dabei eine Lösung der Gleichung (7.7) verstanden werden, die einer Anhäufung von Materie in einem räumlich begrenzten Gebiet entspricht. Der Ortsvektor des Schwerpunkts $\bar{\mathfrak{r}}$ ist deshalb definiert durch das Integral

$$M\,\bar{\mathfrak{r}}(t) = \int \psi^*(\mathfrak{r},t)\,\psi(\mathfrak{r},t)\,\mathfrak{r}\,d\tau \quad\text{mit}\quad \int \psi^*(\mathfrak{r},t)\,\psi(\mathfrak{r},t)\,d\tau = M,\quad \frac{dM}{dt}=0,$$

und nach dem Ehrenfestschen Theorem gilt

$$\frac{d^2\bar{\mathfrak{r}}}{dt^2} = -\frac{e}{m}\,\overline{\operatorname{grad}V} \qquad (7.12)$$

(Beweis s. S. 62).

5*

Dabei ist $\overline{\operatorname{grad} V}$ der Mittelwert von $\operatorname{grad} V$ über unser Wellenpaket:

$$\overline{\operatorname{grad} V} = \int \psi^* \psi \operatorname{grad} V \cdot d\tau .$$

Der *Schwerpunkt* eines beliebigen Wellenpaketes *bewegt sich* also *nach den Gesetzen der klassischen Mechanik!* Dieser Satz stellt eine wichtige Brücke zwischen den beiden verschiedenen klassischen Bildern der Materie dar, auf die wir noch zurückkommen werden.

Man kann (7.12) folgendermaßen beweisen: Führe zunächst die kartesischen Komponenten x, y, z von $\mathfrak{r}$ ein. Betrachte an Stelle obiger Vektorgleichung für $\mathfrak{r}$ eine der drei Komponentengleichungen, etwa

$$\bar{x}(t) = \int \psi^*(\mathfrak{r}, t)\, \psi(\mathfrak{r}, t) \cdot x \cdot d\tau .$$

Dann ist

$$\frac{d}{dt}\bar{x} = \int (\dot{\psi}^* \psi \cdot x + \psi^* \dot{\psi} \cdot x)\, d\tau$$

$$= \frac{i}{2\eta} \int (\psi^* \cdot x \cdot \Delta\psi - \psi \cdot x \cdot \Delta\psi^*)\, d\tau .$$

Mittels einiger Umformungen stelle man fest, daß hierfür

$$\dot{\bar{x}} = -\int \operatorname{div}(x \cdot \mathfrak{j})\, d\tau + \frac{i}{2\eta} \int \left(\psi \frac{\partial \psi^*}{\partial x} - \psi^* \frac{\partial \psi}{\partial x} \right) d\tau$$

geschrieben werden kann. Das erste Integral kann in ein Oberflächenintegral umgewandelt werden; da aber Materie sich nur in einem begrenzten Raumgebiet befinden soll, wird dieses Integral Null. Weitere Differentiation ergibt also

$$\ddot{\bar{x}} = \frac{1}{2i\eta} \int \left(\dot{\psi}^* \frac{\partial \psi}{\partial x} - \dot{\psi} \frac{\partial \psi^*}{\partial x} + \psi^* \frac{\partial \dot{\psi}}{\partial x} - \psi \frac{\partial \dot{\psi}^*}{\partial x} \right) d\tau .$$

Hier führe man eine partielle Integration aus und beachte wieder, daß ψ am Rande des Integrationsbereiches hinreichend stark verschwindet. Dann bleibt

$$\ddot{\bar{x}} = \frac{1}{i\eta} \int \left(\dot{\psi}^* \frac{\partial \psi}{\partial x} - \dot{\psi} \frac{\partial \psi^*}{\partial x} \right) d\tau .$$

In diesem Ausdruck entferne man $\dot{\psi}^*$ und $\dot{\psi}$ durch Einführen von (7.7); nach einigen weiteren Umformungen (im wesentlichen partiellen Integrationen) ergibt sich dann

$$\ddot{\bar{x}} = -\frac{\zeta}{\eta} \int \psi^* \psi \cdot \frac{\partial V}{\partial x} \cdot d\tau .$$

Die Rückübersetzung der Konstanten η und ζ ins Teilchenbild

$\left(\eta = \dfrac{m}{\hbar}\,;\;\; \zeta = \dfrac{e}{\hbar}\right)$ liefert endlich die x-Komponente der Vektor-gleichung (7.12):

$$\ddot{x} = -\frac{e}{m}\,\frac{\overline{\partial V}}{\partial x} = -\frac{e}{m}\int \psi^* \,\psi \cdot \frac{\partial V}{\partial x}\cdot d\tau\,.$$

Für die anderen beiden Komponenten läßt sich der Beweis natürlich ganz analog führen.

Wir fahren in der Besprechung einiger wichtiger Eigenschaften des klassischen Materiefeldes fort und kommen nunmehr zu einer sehr schönen Leistung dieser Theorie.

Es handelt sich dabei um die Existenz gewisser *Eigenfrequenzen* und zugehöriger *Eigenlösungen* der Grundgleichung (7.7). Nimmt man einmal an, es hänge das Potential V nur vom Ort $\mathfrak{r}$, jedoch nicht von der Zeit ab, so kann man (7.7) mit dem Ansatz

$$\psi(\mathfrak{r},\, t) = e^{-i\omega t}\, \varphi(\mathfrak{r}) \tag{7.13}$$

separieren, wobei ω eine noch völlig willkürliche Separations-konstante bedeutet. Als Differentialgleichung für φ erscheint dann

$$\frac{1}{2\eta}\,\varDelta\varphi + (\omega - \zeta V)\,\varphi = 0\,. \tag{7.14}$$

Gleichung (7.14) besitzt für gewisse Potentiale V nicht bei beliebigem ω physikalisch zulässige Lösungen, sondern nur für diskrete, ausgewählte ω_n, eben die Eigenfrequenzen. Die zugehörigen Lösungsfunktionen φ_n heißen *Eigenfunktionen* von (7.14).[1] Man kann sagen, daß ein Spektrum von diskreten ω_n i. allg. immer dann auftritt, wenn die zu dem betreffenden V gehörige klassische Bewegung periodischen Charakter besitzt.

Wir wollen sogleich in zwei speziellen Fällen diese Eigenfrequenzen wirklich ausrechnen. Zuvor aber sollen noch einige allgemeinere Bemerkungen eingeschaltet werden.

Die Tatsache der Existenz von diskreten Eigenfrequenzen der Gleichung (7.7) ist deshalb besonders zu begrüßen, weil sie eine völlig zwanglose Erklärung der ausgezeichneten Energieniveaus der korrespondenzmäßigen Quantentheorie liefert. Dort war es ja notwendig (vgl. Einführung, S. 5 ff.), für gewisse atomare Systeme, z. B. harmonisch um ihre Ruhelage schwingende Atome bzw. Moleküle, die Gültigkeit der klassischen Mechanik dahingehend

---

1) Lösungen vom Typ (7.14) nennt man übrigens „stationäre Lösungen", weil für eine solche Funktion $\varrho = \psi^*\psi$ zeitunabhängig wird.

einzuschränken, daß nicht jede beliebige Gesamtenergie E vom Oszillator angenommen werden kann, sondern die erlaubten Energieniveaus E_n durch eine Quantenbedingung auszusondern sind. Auf diese Weise wurde ein der klassischen Mechanik fremdes, für sie unverständliches Element in die Atommechanik hineingetragen. Unsere Theorie des Materiefeldes aber führt ganz natürlich auf die Existenz von Eigenfrequenzen ω_n; den Eigenfrequenzen aber entsprechen im Partikelbild (beachte $E = \hbar\omega$) *Eigenenergien* $E_n = \hbar\omega_n$. Auf diese Weise kommen wir zwanglos zu einem anschaulichen Verständnis der *ausgezeichneten Energieniveaus* atomarer Systeme. Der quantitativen Berechnung dieser Energieniveaus mittels (7.14) steht allerdings noch eine Schwierigkeit im Wege. Diese Schwierigkeit betrifft die Tatsache, daß unser Potential V in (7.14) ja teilweise von der Verteilung unserer elektrisch geladenen Materie im Raume abhängt. Genauer besteht V aus einem Summanden V_a, der den äußeren Feldern entspringt, und einem Summanden V_e, der die Wechselwirkung der einzelnen Teile der Materieverteilung miteinander zum Ausdruck bringt. V_e hängt also über die Poissonsche Gleichung von ψ bzw. $\psi^*\psi$ ab. In Strenge kann man deshalb V in (7.14) nicht etwa mit irgendeinem äußeren V_a identifizieren, sondern man muß das aus der Poissonschen Gleichung $\Delta V_e \sim \psi^*\psi$ und Gleichung (7.14) mit $V = V_a + V_e$ bestehende System gleichzeitig zu lösen suchen. Man sieht sofort, daß dies ein außerordentlich kompliziertes System ist, mit dessen Integration wir uns nicht befassen wollen. Statt dessen werden wir in unseren Beispielen einfach $V = V_a$ setzen. Das ist innerhalb unserer klassischen Feldtheorie nicht verständlich[1]), wird jedoch durch die Tatsache nahegelegt, daß man auf diese Weise genau die empirisch bekannten Energiespektren E_n einer ganzen Reihe von atomaren Systemen erhält. Dies ist z. B. der Fall für den harmonischen Oszillator, das Elektron im Coulombschen Kraftfeld des Atomkerns, den Rotator u. a. Wir beweisen diese Behauptung nur für den eindimensionalen *harmonischen Oszillator* und einen idealisierten *Rotator*. Ersterer ist natürlich charakterisiert durch $V \sim x^2$. Wir schreiben genauer $\zeta\, V = \dfrac{k}{2}\, x^2$.[2])

---

1) Es wird dies beim Übergang zur Wellenmechanik verständlich werden, vgl. S. 71 ff.
2) Das hier eingeführte k hängt mit der üblichen Kraftkonstante K des harmonischen Oszillators durch die Beziehung $K = \hbar k$ zusammen.

Zu lösen ist dann die gewöhnliche Differentialgleichung

$$\frac{1}{2\eta}\frac{d^2\varphi}{dx^2} + \left(\omega - \frac{k}{2}x^2\right)\varphi = 0.$$

Mit den Substitutionen $\xi^2 = \sqrt{\eta\,k}\;x^2$; $\alpha = 2\omega\sqrt{\frac{\eta}{k}}$ erhält man aus dieser die bekannte Hermitesche Differentialgleichung

$$\frac{d^2\varphi}{d\xi^2} + (\alpha - \xi^2)\,\varphi = 0. \tag{7.15}$$

Von dieser Gleichung aber weiß man, daß sie für beliebig große ξ endliche Lösungen nur für gewisse ausgezeichnete Werte von α besitzt; diese sind:

$$\alpha_n = 2n + 1 \quad (n = 0, 1, 2, \ldots). \tag{7.16a}$$

Die zugehörigen Eigenlösungen φ_n heißen Hermitesche Funktionen und lassen sich darstellen durch folgende Formeln:

$$\varphi_n(\xi) = A_n e^{-\frac{\xi^2}{2}} H_n(\xi); \qquad H_n(\xi) = (-1)^n e^{\xi^2}\frac{d^n e^{-\xi^2}}{d\xi^n} \tag{7.16b}$$

(H_n = Hermitesche Polynome; A_n = Integrationskonstante). Die zu $\alpha \neq \alpha_n$ gehörigen Lösungen werden für große ξ exponentiell unendlich; sie müssen ausgeschlossen werden, da wir nur mit *endlichen* Materiemengen arbeiten wollen; unsere atomaren Oszillatoren haben ja durchaus *endliche* Masse, Ladung usw. Damit ist das Spektrum der Eigenfrequenzen ω_n bestimmt; es gilt

$$\omega_n = \left(n + \frac{1}{2}\right)\sqrt{\frac{k}{\eta}}.$$

Beachtet man, daß

$$\frac{1}{2\pi}\sqrt{\frac{k}{\eta}} = \frac{1}{2\pi}\sqrt{\frac{K}{m}} = \nu_{kl}$$

die klassische Bewegungsfrequenz ν_{kl} des harmonischen Oszillators ist, so sind die Energieniveaus durch

$$E_n = (n + \tfrac{1}{2})\,h\,\nu_{kl} \quad (n = 0, 1, 2, 3, \ldots) \tag{7.16c}$$

gegeben. Das sind aber (bis auf den Summanden $\tfrac{1}{2}$, auf den wir später zurückkommen) genau die empirisch mehrfach bestätigten Energieniveaus des harmonischen Oszillators.

Es sei noch angedeutet, wie man auch ohne explizite Benutzung der Eigenschaften der Hermiteschen Funktionen die Eigenwerte α_n von α finden kann.

Entsprechend dem asymptotischen Verhalten der Gleichung (7.15) für große ξ spaltet man von φ den Faktor $e^{-\frac{1}{2}\xi^2}$ ab, setzt also $\varphi(\xi) = e^{-\frac{1}{2}\xi^2} \cdot \chi(\xi)$. Für die hierdurch definierte Funktion $\chi(\xi)$ macht man einen Potenzreihenansatz in steigenden Potenzen von ξ. Die Prüfung der Konvergenz der erhaltenen Reihe für große ξ führt dann zu der Erkenntnis, daß man physikalisch brauchbare (beschränkte) Lösungen φ nur erhält, wenn die Reihe abbricht. Die Reihe bricht aber nur ab, wenn α die Werte (7.16a) besitzt. Die zugehörigen Polynome χ_n sind gerade die in (7.16b) aufgetretenen H_n.

Als zweites Beispiel für das Auftreten gewisser Eigenfrequenzen geben wir die Behandlung eines idealisierten eindimensionalen *Rotators* mittels Gleichung (7.14). Im klassischen Teilchenbild sei unser Rotator ein Massenpunkt der Masse μ, der eine im Raum festliegende Kreisbahn des Radius a mit beliebiger Geschwindigkeit durchlaufen kann, aber gezwungen ist, auf dieser Bahn zu bleiben. (Rotation eines starren Körpers mit fester Drehachse etwa!) Führt man Zylinderkoordinaten ein, so ist die einzige Variable der Drehwinkel ϑ. Gleichung (7.14) reduziert sich also auf

$$\frac{1}{2\eta a^2} \cdot \frac{d^2\varphi}{d\vartheta^2} + \omega\varphi = 0. \tag{7.17}$$

Dabei haben wir das auf der Kreisbahn konstante Potential V gleich Null gesetzt, was keine Einschränkung der Allgemeinheit bedeutet.

Die Lösungen dieser Gleichung sind natürlich

$$\varphi_+ = c_+ e^{+im\vartheta} \quad \text{und} \quad \varphi_- = c_- e^{-im\vartheta}, \tag{7.18a}$$

wobei $m^2 = 2\eta a^2 \omega$ ist. Bisher sind ω und damit auch m[1]) noch völlig beliebig; wieder ist es eine *physikalische* Forderung, die gewisse ω als physikalisch zulässig vor anderen auszeichnet. Es ist diesmal die Forderung nach *Eindeutigkeit* der Funktionen φ_+, φ_-. ϑ ist ja eine zyklische Variable, und man sollte erwarten, daß auch die Lösungen (7.18a) die gleiche Periode besitzen. Wir verlangen also von einer physikalisch zulässigen Lösung die Erfüllung der Bedingung $\varphi(\vartheta + 2\pi) = \varphi(\vartheta)$. Daraus folgt aber sofort, daß m ganzzahlig sein muß: $m = 0, 1, 2, \ldots$; wir haben also diesmal die Eigenfrequenzen

$$\omega_m = \frac{m^2}{2\eta a^2} \quad (m = 0, 1, 2 \ldots) \tag{7.18b}$$

---

1) m in (7.18a) ist von der früheren Masse m wohl zu unterscheiden!

und mit $\eta = \frac{\mu}{\hbar}$ die Energieniveaus

$$E_m = \frac{m^2 \hbar^2}{2 \mu a^2} = \frac{m^2 \hbar^2}{2 \Theta} \qquad (m = 0, 1, 2 \ldots). \qquad (7.18\,\mathrm{c})$$

($\Theta = \mu a^2$ ist das Trägheitsmoment der rotierenden Masse.) Diese Formel hat sich z. B. in der Theorie des Rotationsanteiles der spezifischen Wärme mehratomiger Gase als brauchbar erwiesen; genauer müßte freilich die Dreidimensionalität einer solchen Rotation beachtet werden. — Man bemerke, daß (außer für $m = 0$) zu jedem der durch (7.18c) bestimmten Eigenniveaus zwei linear unabhängige Eigenfunktionen φ_+ und φ_- nach (7.18a) gehören. Man nennt solche Niveaus *einfach entartete Niveaus*. — Vergleicht man Formel (7.18c) mit dem klassischen Ausdruck für die kinetische Energie dieses Rotators, $E = \frac{L^2}{2\Theta}$, wo L der Drehimpuls des Systems ist, so sieht man, daß man (7.18c) auch so verstehen kann, daß der klassisch beliebiger Werte fähige Drehimpuls in diesem Falle nur der folgenden Werte fähig ist:

$$L_m = m\hbar \qquad (m = 0, \pm 1, \pm 2, \ldots). \qquad (7.19)$$

Wir werden später sehen, daß diese *Quantisierung des Drehimpulses* eine ganz allgemeine Eigenschaft atomarer Systeme ist.

Die Reihe der Beispiele für das Auftreten von Eigenfrequenzen bzw. Energieniveaus, die empirisch bestätigt sind, könnte noch fortgesetzt werden. Insbesondere könnten wir, wie oben bereits erwähnt, zeigen, daß die Energieniveaus der Bohrschen Theorie des H-Atoms aus (7.14) zwangsläufig folgen. Doch soll dies auf das nächste Kapitel verschoben werden.

Eine andere sehr schöne Leistung der Gleichung (7.14) kann nur erwähnt werden, da eine ausführliche Darstellung den Rahmen dieses Bändchens überschreiten würde. Wir meinen die Tatsache, daß Gleichung (7.14) als Basis der sog. *Dynamischen Theorie der Elektronenstrahl-Interferenzen* dient. Wir hatten bei Besprechung der Experimente über Elektronenstrahl-Interferenzen nur die geometrische Theorie zur Deutung der Erscheinungen zitiert, aber darauf hingewiesen, daß Feinheiten von dieser Theorie nicht wiedergegeben werden. Diese feineren Züge der Interferenzerscheinungen mit Elektronenstrahlen aber sind in befriedigender Weise in dieser genaueren dynamischen Theorie (s. etwa [10]) enthalten, die eben die Bewegung der Elektronen präziser als die geometrische Theorie beschreibt.

Nachdem wir bisher einige recht positive Eigenschaften der klassischen Feldtheorie der Materie kennengelernt haben, müssen wir nun auch eine negative Seite herausarbeiten. Es ist dies die Tatsache, daß im kräftefreien Fall eine räumlich begrenzte Materie-Ansammlung nicht stationär sein kann, sondern sich im Laufe der Zeit zerstreut; man spricht von einem *„Zerfließen"* *der Wellenpakete*. Deshalb kommt zu der schon erwähnten Schwierigkeit, daß der diskrete Charakter der atomaren Struktur der Materie ausbleibt, die ernstere Schwierigkeit hinzu, daß ein Wellenpaket, das etwa ein Elementarteilchen darstellen könnte, die empirisch beobachtete Stabilität dieses Teilchens nicht wiedergibt. Wir wollen dies etwas näher ausführen.

Bekanntlich führen die *stationären* Lösungen der kräftefreien Wellengleichung

$$\psi = e^{\pm i\,(\mathfrak{k}\mathfrak{r} - \omega t)}$$

zu Materiedichten $\psi^{*}\psi$, die entweder überhaupt nicht oder periodisch von $\mathfrak{r}$ abhängen, so daß man von einem „Ort" des Elementarteilchens, gekennzeichnet durch ein einzelnes ausgeprägtes Maximum von $\psi^{*}\psi$, in stationären Niveaus nicht sprechen кann. Ein solches Hauptmaximum, das als „Ort" eines Teilchens interpretiert werden könnte, erhält man aber, wenn man mehrere stationäre ψ linear superponiert. In einer Dimension, auf die wir uns im Augenblick beschränken wollen, kann man dann etwa mit beliebigem $f(k - k_o)$ die Lösung

$$\Psi(x,t) = \int\limits_{-\infty}^{+\infty} f(k - k_0)\, e^{i\,(kx - \omega_k t)}\, dk \qquad (7.20)$$

bilden. Im kräftefreien Fall ist bekanntlich $\omega_k = \dfrac{k^2}{2\,\eta}$, was sogleich benutzt wird. Wir wollen die Bewegung des speziellen, durch

$$f(k - k_0) = e^{\dfrac{(k - k_0)^2}{2\,(\varDelta K)^2}} \qquad (7.20\,\mathrm{a})$$

charakterisierten Wellenpaketes genauer untersuchen. Für andere Pakete erhält man ganz ähnliche Resultate. — Setzen wir $k - k_0 = K$, so ergibt sich aus (7.20, 7.20 a)

$$\Psi(x,t) = e^{i\left(k_0 x - \frac{k_0^2}{2\eta} i\right)} \int\limits_{-\infty}^{+\infty} e^{\left[i K\left(x - \frac{k_0}{\eta} t\right) - \frac{K^2}{2}\left(\frac{it}{\eta} + \frac{1}{(\varDelta K)^2}\right)\right]} dK\,.$$

Die Auswertung des Integrals liefert im wesentlichen

$$\Psi^* \Psi \sim e^{-\left[\dfrac{(\varDelta K)^2 \left(x - \frac{k_0}{\eta} \cdot t\right)^2}{1 + (\varDelta K)^4\, t^2\, \eta^{-2}}\right]}. \tag{7.21}$$

Der weggelassene Faktor hängt nochmals von der Zeit ab, ist für uns jedoch im Augenblick unwesentlich, da er nur die Höhe des Maximums von (7.21) reguliert.[1]) Dieses Maximum aber liegt ersichtlich an der Stelle

$$x_M = \frac{k_0}{\eta}\, t. \tag{7.21a}$$

Es bewegt sich also gleichförmig mit der Geschwindigkeit $v = \dfrac{k_0}{\eta}$. Diese *Gruppengeschwindigkeit* v ist also identisch mit der Geschwindigkeit v_0, die im Teilchenbild der Wellenzahl k_0 durch die Beziehung $k_0 = \dfrac{p_0}{\hbar} = \dfrac{m\, v_0}{\hbar}$ zugeordnet werden muß. Das ist vernünftig, weil ja k_0 die mittlere Wellenzahl des Paketes (7.20, 7.20a) darstellt. — Die Halbwertsbreite (definiert als Abstand des Wendepunkts vom Maximum) der Gauß-Verteilung (7.21) ist gegeben durch

$$\varDelta x = \frac{1}{\sqrt{2}\,\varDelta K}\, \sqrt{1 + (\varDelta K)^4\, t^2\, \eta^{-2}} = \varDelta x_0 \sqrt{1 + \frac{t^2}{4\,\eta^2\,\varDelta x_0^{\,4}}} \tag{7.21b}$$

Vom Zeitpunkt $t = 0$ ab wächst also $\varDelta x$ ständig an; *die Wellengruppe „zerfließt"*. Dies geht um so rascher, je enger die Gruppe am Anfang war ($\varDelta x_0$ klein!), und um so langsamer, je größer η ist (große Masse der betreffenden Elementarteilchen!). Durch Einsetzen von Zahlenwerten überzeugt man sich sofort davon, daß z. B. ein Elektron bei $\varDelta x_0 = 10^{-8}$ cm schon nach etwa 10^{-16} s ein $\varDelta x = 2 \cdot 10^{-8}$ cm und nach einigen Tagen die Ausdehnung des Sonnensystems erreicht haben würde, daß aber ein „Teilchen" von 1 g mit $\varDelta x_0 = 1$ mm selbst während der Existenzperiode der Erde keine meßbare Veränderung erführe. Das Zerfließen der Wellenpakete ist demnach für makroskopische Objekte unwesentlich, aber sehr wesentlich für atomare Gebilde. Die Existenz diskreter, stabiler Elementarteilchen bleibt also im Rahmen einer solchen Theorie völlig unverständlich.

---

1) Die genauere Diskussion zeigt, daß mit diesem weggelassenen Faktor gerade die wichtige Bedingung $\dfrac{d}{d\,t} \displaystyle\int \Psi^* \Psi\, d x = 0$ erfüllt wird.

C. VEREINIGUNG
VON TEILCHEN- UND WELLENBILD
DER MATERIE
FÜR FESTE PARTIKELZAHL

Wir haben im vorigen Kapitel gesehen, daß das klassische Teilchenbild wichtige, empirisch gesicherte Eigenschaften der Materie nicht wiedergibt, nämlich die Interferenzfähigkeit von Materiestrahlen und das Auftreten von ausgezeichneten, diskreten Energieniveaus bei oszillatorischen Bewegungen atomarer Teilchen. Andererseits enthält das soeben entwickelte Wellen- oder Feldbild gerade diese Eigenschaften der Materie zwanglos, versagt aber angesichts der Existenz diskreter, stabiler kleinster Bausteine der materiellen Substanzen, der Elementarteilchen. Da die Materie selbst eine Einheit bildet, die Wellen- und Teilcheneigenschaften *zugleich* besitzt, muß man versuchen, eine entsprechende Theorie zu entwickeln, die *beide* Eigenschaften enthält. Eine solche Theorie ist die *Quantenmechanik*, an deren Aufbau wir jetzt gehen. Dabei können verschiedene Wege eingeschlagen werden: Man kann erstens die Wellentheorie in geeigneter Weise abändern, so daß sie die Mängel der klassischen Formulierung des vorigen Kapitels nicht mehr besitzt. Auf diese Weise gelangt man zur *wellenmechanischen Form der Quantenmechanik*. Oder man kann zweitens die klassische Teilchenmechanik entsprechend abändern, wodurch man die sog. *Matrizenmechanik* erhält. Es zeigte sich, daß die beiden so entwickelten Theorien, Wellen- und Matrizenmechanik, mathematisch äquivalent sind und als spezielle Ausdrucksformen einer allgemeineren Gesetzesgruppe, eben der Quantenmechanik, aufgefaßt werden können.
Aus didaktischen Gründen soll in diesem Büchlein nur die Entwicklung der Wellenmechanik dargelegt werden. Wir wollen die Matrizenmechanik und die allgemeinere Quantenmechanik dann aber aus dieser Wellenmechanik auf dem Wege der Deduktion bzw. Abstraktion zu gewinnen suchen. Dabei werden wir uns zu-

nächst nur auf die Bewegung eines einzigen Elementarteilchens konzentrieren; die Verallgemeinerung auf mehrere Partikel wird später erfolgen.

§ 8. Grundbeziehungen der Wellenmechanik für Partikelzahl 1

Als Ausgangspunkt dient uns die im vorigen Kapitel entwickelte *klassische Wellentheorie* der Materie. Wir haben diese Theorie so abzuändern, daß ihre Vorzüge erhalten bleiben, ihre Nachteile aber verschwinden. Zu den Vorzügen gehört zunächst die Tatsache, daß die damalige Wellengleichung (7.7) die empirisch bestätigten Eigenfrequenzen (bzw. nach der Übersetzung $E = \hbar\,\omega$ Eigenenergien) oszillatorischer Systeme enthält. Diese Wellengleichung erweist sich weiter als leistungsfähig bei der Behandlung der Beugungsphänomene von Materiestrahlen an beliebigen beugenden Objekten (z. B. Kristallen). Ebenfalls günstig ist die Tatsache zu beurteilen, daß aus Gleichung (7.7) das Ehrenfestsche Theorem folgt, allerdings in Verbindung mit der Annahme, daß $\varrho = \psi^* \psi$ die Dichte der Materie darstelle. Diese positiven Seiten der Theorie müssen also, wenn irgend möglich, in die zu schaffende Wellenmechanik übernommen werden. Es ist dies am einfachsten so zu erreichen, daß man die Grundgleichung (7.7) auch als Grundgleichung der Wellenmechanik ansieht. Dabei wird man natürlich die klassischen Feldgrößen η, ζ wieder durch die zugeordneten Partikelgrößen m, e ersetzen; es waren ja

$$\eta = \frac{m}{\hbar}, \quad \zeta = \frac{e}{\hbar}.$$

Ferner wird man statt des Potentials V die potentielle Energie $U = eV$ einführen; U braucht nicht unbedingt elektrischen Ursprungs zu sein. Gleichung (7.7) geht dann über in

$$i\hbar\,\frac{\partial\psi}{\partial t} - U\,\psi + \frac{\hbar^2}{2\,m}\,\Delta\,\psi = 0. \tag{8.1}$$

Dies ist die bekannte *Schrödinger-Gleichung* in ihrer zeitabhängigen Form, die *Grundgleichung der Wellenmechanik.*
Noch sind aber die Schwierigkeiten der klassischen Feldtheorie nicht beseitigt. Ihnen wenden wir uns jetzt zu. Oben war darauf hingewiesen worden, daß das Potential V sich in Strenge aus dem

äußeren Potential V_a und einem Eigenpotential V_e zusammensetzen sollte: $V = V_a + V_e$. Das Eigenpotential würde dabei die elektrostatische Wechselwirkung der (kontinuierlich verteilten) Materie mit sich selbst zum Ausdruck bringen. Die empirisch beobachteten Eigenfrequenzen atomarer Systeme werden aber von (8.1) nur dann richtig geliefert, wenn man $V = V_a$ setzt, wie wir ebenfalls schon bemerkten. Eine Begründung für das Fortlassen von V_e konnte dort nicht gegeben werden. Ein solches Nullsetzen von V_e erscheint im Rahmen der jetzigen Bedeutung von (8.1) durchaus plausibel; es entspricht nämlich der Annahme, daß die verschiedenen „Teile'' unseres Elementarteilchens keinerlei Wechselwirkung aufeinander ausüben sollen. Dies ist im Hinblick auf unsere Vorstellungen über Elementarteilchen auch durchaus vernünftig.

Eine zweite Schwierigkeit betrifft die Möglichkeit beliebiger Materiemengen in der durch (8.1) gekennzeichneten Theorie. Um nämlich über das Ehrenfestsche Theorem die Beziehung zur klassischen Mechanik auch in der Wellenmechanik herstellen zu können, möchte man weiterhin $\varrho = \psi^* \psi$ als Maß für die Dichte der Materie ansehen. $\int_G \varrho \, d\tau$ ist dann ein Maß für die Menge der Materie in G. Diese Menge kann beliebig sein, weil durch (8.1) ψ nur bis auf einen konstanten Faktor festgelegt ist. Diese Willkür stört natürlich, sobald man mittels (8.1) die Bewegung nur einer einzigen Partikel beschreiben will. Es ist deshalb notwendig, diese Willkür durch eine Zusatzvorschrift zu beseitigen; als solche hat sich die *Normierung* von ψ eingebürgert, sie lautet:

$$\int_G \psi^* \psi \, d\tau = 1 . \tag{8.2}$$

Hierbei muß G natürlich das gesamte von der Partikel erreichbare Raumgebiet enthalten.

Schließlich wenden wir uns der ernstesten Schwierigkeit zu, die in der klassischen Wellentheorie der Materie enthalten ist, der Instabilität der Wellenpakete im kräftefreien Raum. Identifiziert man $\varrho = \psi^* \psi$ (bis auf einen konstanten Faktor) mit der Dichteverteilung unserer Partikel, wie dies bisher geschehen ist, so steht das Zerfließen dieser Wellenpakete in krassem Gegensatz zu der Stabilität der Elementarteilchen. Offenbar ist also diese bisherige Deutung der ψ-Funktion nicht haltbar. Die Schwierigkeit verschwindet aber sofort, wenn man $\psi^*(\mathfrak{r}, t)\,\psi(\mathfrak{r}, t)$ als *Wahrschein-lichkeitsdichte* dafür ansieht, die Partikel zur Zeit t am Ort $\mathfrak{r}$ anzutreffen.[1] Diese *statistische Deutung* der Wellenfunktion wurde zuerst von *M. Born* vorgeschlagen und ist seitdem von fast allen Quantenphysikern akzeptiert worden.

Die statistische Deutung der Wellenmechanik ist allerdings mit der unangenehmen Tatsache verbunden, daß man keine deterministische Theorie der Mikroprozesse mehr vor sich hat, sondern über die Bewegung der Partikel nur statistische Aussagen machen kann. Dieser Umstand veranlaßte einige Physiker und veranlaßt sie zum Teil bis heute, nach einer anderen Deutung der ψ-Funktion zu suchen, die eine deterministische Theorie der Mikroprozesse ermöglichen soll. Wir erwähnen insbesondere *de Broglie*s Versuche zum Aufbau einer *Theorie der Führungswelle*. Wir gehen aber auf diese Ansätze hier nicht ein, da sie weder abgeschlossen noch allgemein akzeptiert sind. Außerdem sind wir der Meinung, daß der statistische Charakter der Quantenmechanik vor allem daher rührt, daß man *doch* wieder den Teilchenbegriff der klassischen Mechanik einführt, sobald man die übliche Deutung annimmt. Die Materie besteht aber eben *nicht aus Teilchen* im Sinne der klassischen Mechanik, sondern aus *Partikeln, die Teilchen- und Welleneigenschaften in sich vereinen.*

§ 9. Ein Beispiel: Tunneleffekt

Wir haben bisher die Grundgleichungen der Wellenmechanik für die Partikelzahl 1 hergeleitet. Die Vorzüge der klassischen Wellentheorie der Materie sind in diese neue Mechanik übernommen, deren Nachteile aber beseitigt worden.

Die Wellenmechanik hat sich in weiten Bereichen der atomaren Physik ausgezeichnet bewährt. Es ist selbst im Rahmen eines normalen Lehrbuches heute völlig unmöglich, die vielfältigen erfolgreichen Anwendungen zu schildern, die diese Theorie bisher erfahren hat. Ein großer Teil dieser Anwendungen besteht in der Ermittlung von *stationären Energieniveaus* irgendwelcher atomarer Systeme und der sog. *Auswahlregeln* (s. unten) für optische

---

1) Genauer ist $\varrho(\mathfrak{r},t)\,d\tau$ die Wahrscheinlichkeit dafür, die Partikel zum Zeitpunkt t im Volumelement $d\tau$ in der Umgebung des Punktes $\mathfrak{r}$ zu finden.

Übergänge zwischen diesen Niveaus. Aber auch viele andere Fragenkomplexe sind erfolgreich quantenmechanisch behandelt worden. Da wir Beispiele für die Ermittlung von stationären Zuständen bereits kennengelernt haben (s. Kapitel B) bzw. noch wiedergeben werden (s. unten), soll hier ein typisches Beispiel der anderen Gruppe Platz finden. Wir fragen nach der Bewegung einer Partikel in einem eindimensionalen Potentialfeld der Form der Abb. 20, wenn für die Teilchenenergie $0 < E < U_0$ gilt. Dabei wollen wir uns auf stationäre Lösungen beschränken, machen also den Ansatz

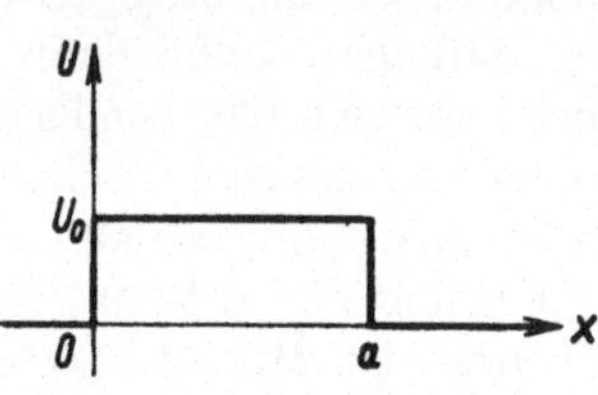

Abb. 20. Potentialschwelle endlicher Breite
$(U = U_\bullet > 0$ für $0 < x < a)$

$$\psi(x, t) = \varphi(x)\, e^{-\frac{i}{\hbar} E t}.$$

Gehen wir hiermit in die zeitabhängige Schrödinger-Gleichung (8.1) ein, so erhalten wir die zeitfreie, eindimensionale Form dieser Gleichung:

$$\frac{\hbar^2}{2m} \frac{d^2\varphi}{dx^2} + (E - U)\,\varphi = 0.$$

Deren Lösungen sucht man zweckmäßig zunächst getrennt für die Gebiete $x < 0$; $0 < x < a$; $x > a$ auf; sie lauten:

$$\varphi = A\, e^{i\alpha x} + A'\, e^{-i\alpha x} \qquad \text{für } x < 0,$$
$$\varphi = B\, e^{\gamma x} + B'\, e^{-\gamma x} \qquad \text{für } 0 < x < a,$$
$$\varphi = C\, e^{i\alpha x} + C'\, e^{-i\alpha x} \qquad \text{für } x > a;$$

dabei wird $\alpha^2 = \frac{2m}{\hbar^2} E$, $\gamma^2 = \frac{2m}{\hbar^2}(U_0 - E)$ gesetzt.

A, A', B, B', C, C' sind Integrationskonstanten. Man macht sich leicht klar, daß die Glieder $\sim A$ und $\sim C$ von links nach rechts, diejenigen $\sim A'$ und $\sim C'$ von rechts nach links laufende Wellen bedeuten. Die Bewegungsrichtung dieser Wellen ist aber gleichzeitig als Bewegungsrichtung der Partikel aufzufassen, da natürlich auch die frühere Beziehung $\mathfrak{p} = \hbar\mathfrak{k}$ zwischen Teilchenimpuls $\mathfrak{p}$ und Wellenzahl $\mathfrak{k}$ in der Wellenmechanik gelten soll. Also entspricht das Glied $\sim A$ einer von links einlaufenden, das Glied $\sim A'$ einer nach links auslaufenden, dasjenige $\sim C$ einer nach rechts

auslaufenden und das $\sim C'$ einer von rechts einlaufenden Partikel.
Wir spezialisieren jetzt unsere physikalische Situation folgendermaßen: Es soll lediglich von links eine Partikel einlaufen, aber
keine von rechts. D. h., es muß $C' = 0$ gesetzt werden, während A
als gegebene Größe zu betrachten ist. (Eine Normierung von ψ
stößt hier wegen der unendlichen Ausdehnung des betrachteten
(eindimensionalen) Gebietes auf Schwierigkeiten, weshalb wir
auf sie verzichten. Im Prinzip ist sie aber auch hier durchführbar.) Wir fragen danach, was mit der von links eingelaufenen
Partikel geschieht. Die ihr zugeordnete Welle wird offensichtlich
gespalten; ein Teil wird an der Barriere reflektiert ($\sim A'$), ein
Teil aber geht durch sie hindurch ($\sim C$).
Die uns besonders interessierenden Integrationskonstanten C
und A' (natürlich auch B und B') werden nun durch 4 Bedingungen festgelegt, die das Verhalten der Funktion φ an den
Sprungpunkten des Potentials $x = 0$ und $x = a$ betreffen. Diese
Bedingungen besagen, daß an diesen Punkten $\varphi(x)$ und $\dfrac{d\varphi(x)}{dx}$
stetig sein müssen. Sonst hätte nämlich unsere Schrödinger-
Gleichung an diesen Punkten keinen Sinn mehr, während durch
diese Gleichung doch nur gewisse Unstetigkeiten von $\dfrac{d^2\varphi}{dx^2}$ an
den Punkten $x = 0$ und $x = a$ vorgeschrieben sind. Diese 4 Bedingungen führen auf die 4 Gleichungen

$$A + A' = B + B', \quad i\alpha(A - A') = \gamma(B - B').$$

$$Be^{\gamma a} + B'e^{-\gamma a} = Ce^{i\alpha a}, \quad \gamma(Be^{\gamma a} - B'e^{-\gamma a}) = i\alpha Ce^{i\alpha a}.$$

Hieraus erhält man für das uns besonders interessierende Verhältnis $\dfrac{C}{A}$:

$$\frac{C}{A} = \frac{e^{-i\alpha a}}{\mathfrak{Cof}(\gamma a) + \dfrac{i}{2}\left(\dfrac{\gamma}{\alpha} - \dfrac{\alpha}{\gamma}\right)\mathfrak{Sin}(\gamma a)}.$$

Nun ist die Wahrscheinlichkeit, die Partikel rechts der Barriere
zu finden, einfach gleich C^*C; links der Barriere befindet sich
die Partikel im einlaufenden Zustande mit der Wahrscheinlich-
keit A^*A. Das Verhältnis $\dfrac{C^*C}{A^*A}$ ist, da die Partikelgeschwindig-
keiten rechts und links der Barriere gleich sind, zugleich die

Wahrscheinlichkeit dafür, daß das einlaufende Teilchen die Barriere durchdringt; diese wichtige Größe wird als *Durchlässigkeitskoeffizient* T bezeichnet. Man erhält also

$$T = \frac{C^* C}{A^* A} = \frac{1}{\mathfrak{Cof}^2(\gamma a) + \frac{1}{4}\left(\frac{\gamma}{\alpha} - \frac{\alpha}{\gamma}\right)^2 \mathfrak{Sin}^2(\gamma a)}.$$

Da $T > 0$ ist, sieht man, daß die Partikel mit einer gewissen (wenn auch oft kleinen) Wahrscheinlichkeit alle solche Potentialbarrieren zu überwinden vermag, an denen sie nach der klassischen Mechanik mit Sicherheit reflektiert worden wäre. Dieser sog. *Tunneleffekt* ist empirisch vielfältig bestätigt. Wir nennen einige wichtige Beispiele hierfür:
Beim radioaktiven Zerfall von Atomkernen verlassen die Kernteilchen den Atomkern durch Tunneleffekt. — Die sog. kalte Elektronenemission von Metallen in starken elektrischen Feldern ist ohne Tunneleffekt nicht verständlich. — Beim Fließen des elektrischen Stromes durch Metall-Kontakte finden die Leitfähigkeitselektronen Potentialbarrieren in Gestalt von Oxydschichten usw. an den Kontakten vor, die sie nach den Gesetzen der klassischen Mechanik nicht überwinden könnten. — Natürlich ist die Gestalt der Potentialbarriere in allen praktisch vorkommenden Fällen durchaus anders, als wir oben angenommen haben, aber das ist für diesen Effekt nicht sehr wesentlich. Obiges Potential wurde nur seiner Einfachheit wegen als Rechenbeispiel gewählt.

§ 10. Eigenwerte, Eigenfunktionen, Mittelwerte und Operatoren in der Wellenmechanik

Bevor wir uns einem dreidimensionalen Beispiel für die Lösung der Schrödinger-Gleichung zuwenden, ist es zweckmäßig, noch einige Betrachtungen über die physikalische Bedeutung der ψ-Funktion anzustellen. In dieser Hinsicht ist uns bisher folgendes bekannt:
$\psi^*(\mathfrak{r}, t)\, \psi(\mathfrak{r}, t)$ ist die Dichte der Wahrscheinlichkeit, die Partikel zur Zeit t am Ort $\mathfrak{r}$ anzutreffen. — Ist die Zeitabhängigkeit von ψ von der Form $e^{-\frac{i}{\hbar}Et}$, dann wissen wir, daß sich die Partikel in

einem stationären Zustand mit der Gesamtenergie E befindet. Liegt eine Ortsabhängigkeit der ψ-Funktion vom Typ $e^{i\mathfrak{k}\mathfrak{r}}$ vor, so sind wir sicher, daß die Partikel einen Impuls $\mathfrak{p} = \hbar\mathfrak{k}$ besitzt. Über Energie und Impuls in allgemeineren als den eben angegebenen ψ-Funktionen aber wissen wir noch gar nichts. Erst recht nichts können wir über den Wert irgendeiner anderen physikalischen Größe, etwa des Drehimpulses, in dem irgendeiner ψ-Funktion zugeordneten Zustand aussagen. Es soll jetzt angedeutet werden, wie man zu einer Beseitigung dieser Lücken gelangen kann.

Konzentrieren wir uns zunächst auf die Frage nach dem Wert des Impulses in einem beliebigen wellenmechanischen Zustand. Wir lassen uns von der Annahme leiten, daß auch in der Wellenmechanik genau wie in der klassischen Mechanik Impuls und Ort eines Teilchens völlig *gleichberechtigte* Variable sind. Dann beachten wir, daß wir eine beliebige ψ-Funktion als lineare Überlagerung von vielen spezielleren Schrödinger-Funktionen ψ_n darstellen können (wegen der Linearität von Gleichung (8.1)):

$$\psi = \sum_n c_n \psi_n. \tag{10.1}$$

Diese spezielleren Funktionen ψ_n müssen natürlich auch Lösungen der Schrödinger-Gleichung sein; sie können z. B. zu einem bestimmten Zeitpunkt einer Lokalisierung des Teilchens am Ort $\mathfrak{r}_n$ entsprechen. Es ist dann klar, daß ψ (zu dem gleichen Zeitpunkt allerdings) einer Situation entspricht, in der das Teilchen sich mit gewissen Wahrscheinlichkeiten $c_n^* c_n$ an den Orten $\mathfrak{r}_n$ befindet.

In völliger Analogie hierzu wird man folgendes erwarten: Falls sich (zu einem bestimmten Zeitpunkt) eine beliebige Lösung ψ der Schrödinger-Gleichung in der Form

$$\psi(\mathfrak{r}) = \sum_{\mathfrak{k}} c_{\mathfrak{k}} e^{i\mathfrak{k}\mathfrak{r}} \quad \text{bzw.} \quad \psi(\mathfrak{r}) = \frac{1}{(2\pi)^{\frac{3}{2}}} \int \chi(\mathfrak{k}) e^{i\mathfrak{k}\mathfrak{r}} d^3\mathfrak{k} \tag{10.2}$$

schreiben läßt, so wird $c_{\mathfrak{k}}^* c_{\mathfrak{k}}$ bzw. $\chi^*(\mathfrak{k})\, \chi(\mathfrak{k})$ die Wahrscheinlichkeit bzw. Wahrscheinlichkeitsdichte sein, die Partikel im Zustand ψ mit dem Impuls $\hbar\mathfrak{k}$ anzutreffen. — Natürlich stellt dieser Analogieschluß keinen exakten Beweis dar; man kann aber die soeben ausgesprochene Vermutung noch durch zwei andere Überlegungen stützen. Erstens muß, falls $c_{\mathfrak{k}}^* c_{\mathfrak{k}}$ eine Wahrscheinlichkeit bzw. $\chi^*(\mathfrak{k})\, \chi(\mathfrak{k})$

wirklich eine Wahrscheinlichkeitsdichte ist, aus $\int \psi^* \, \psi \, d^3\mathfrak{r} = 1$ folgen

$$\sum c_{\mathfrak{f}}^* \, c_{\mathfrak{f}} = 1 \quad \text{bzw.} \quad \int \chi^* \, \chi \, d^3\mathfrak{f} = 1.$$

Zweitens muß der Mittelwert des Impulses

$$\bar{\mathfrak{p}} = \sum_{\mathfrak{f}} c_{\mathfrak{f}}^* \, c_{\mathfrak{f}} \cdot \hbar \mathfrak{f} \quad \text{bzw.} \quad \bar{\mathfrak{p}} = \int \chi^* \chi \cdot \hbar \mathfrak{f} \, d^3\mathfrak{f}$$

übereinstimmen mit dem auf anderem Wege berechneten Mittelwert

$$\bar{\mathfrak{p}} = m \, \dot{\mathfrak{r}} = m \, \frac{d}{dt} \int \psi^* \psi \cdot \mathfrak{r} \, d^3\mathfrak{r}.$$

Wir überzeugen uns im folgenden davon, daß $\chi^* \chi$ beiden Forderungen genügt; man kann das gleiche auch für $c_{\mathfrak{f}}^* \, c_{\mathfrak{f}}$ einsehen. Der Allgemeinheit wegen gehen wir aus von dem uneigentlichen Integral

$$\psi(\mathfrak{r}) = \frac{1}{(2\pi)^{\frac{3}{2}}} \int\limits_{-\infty}^{+\infty} \chi(\mathfrak{f}) \, e^{i\mathfrak{f}\mathfrak{r}} \, d^3\mathfrak{f}.$$

Dessen Umkehrung lautet nach dem Fourierschen Integraltheorem bekanntlich

$$\chi(\mathfrak{f}) = \frac{1}{(2\pi)^{\frac{3}{2}}} \int\limits_{-\infty}^{+\infty} \psi(\mathfrak{r}) \, e^{-i\mathfrak{f}\mathfrak{r}} \, d^3\mathfrak{r}.$$

Also ist

$$\int\limits_{-\infty}^{+\infty} \chi^*(\mathfrak{f}) \, \chi(\mathfrak{f}) \, d^3\mathfrak{f} = \frac{1}{(2\pi)^3} \iiint\limits_{-\infty}^{+\infty} \psi^*(\mathfrak{r}) \, \psi(\mathfrak{r}') \, e^{i\mathfrak{f}(\mathfrak{r}-\mathfrak{r}')} \, d^3\mathfrak{r} \, d^3\mathfrak{r}' \, d^3\mathfrak{f}.$$

Wir werten zuerst das $\mathfrak{f}$-Integral aus und erhalten dabei gerade die *Diracsche Delta-Funktion* (vgl. Anhang in Teil II oder [12])

$$(2\pi)^{-3} \int\limits_{-\infty}^{+\infty} e^{i\mathfrak{f}(\mathfrak{r}-\mathfrak{r}')} \, d^3\mathfrak{f} = \delta(\mathfrak{r} - \mathfrak{r}') = \delta(x - x') \, \delta(y - y') \, \delta(z - z').$$

Eine besondere Eigenschaft dieser Funktion (s. Anhang in Teil II oder [12]) ermöglicht uns die sofortige weitere Integration über $\mathfrak{r}'$, so daß

$$\int\limits_{-\infty}^{+\infty} \chi^*(\mathfrak{f}) \, \chi(\mathfrak{f}) \, d^3\mathfrak{f} = \int\limits_{-\infty}^{+\infty} \psi^*(\mathfrak{r}) \, \psi(\mathfrak{r}) \, d^3\mathfrak{r}$$

entsteht. Aus der Normierung der ψ-Funktion folgt also die der χ-Funktion.

Den *Mittelwert des Impulses* erhält man einerseits aus

$$\bar{\mathfrak{p}} = \hbar \int\limits_{-\infty}^{+\infty} \chi^*(\mathfrak{k})\, \chi(\mathfrak{k})\; \mathfrak{k}\, d^3\mathfrak{k},$$

andererseits erhält man beim Beweis des Ehrenfestschen Satzes

$$\dot{\mathfrak{r}} = \frac{\hbar}{i\,m} \int\limits_{-\infty}^{+\infty} \psi^*\, \mathrm{grad}\, \psi\, d^3\mathfrak{r},$$

also
$$\bar{\mathfrak{p}} = \frac{\hbar}{i} \int\limits_{-\infty}^{+\infty} \psi^*\, \mathrm{grad}\, \psi\, d^3\mathfrak{r}.$$

Beide Formeln sollten übereinstimmen. Wir prüfen dies nach. Zunächst erhält man aus der ersten Formel unmittelbar

$$\bar{\mathfrak{p}} = \frac{\hbar}{(2\pi)^3} \iiint\limits_{-\infty}^{+\infty} \psi^*(\mathfrak{r})\, \psi(\mathfrak{r}')\, e^{i\,\mathfrak{k}\,(\mathfrak{r}-\mathfrak{r}')}\, \mathfrak{k}\, d^3\mathfrak{r}'\, d^3\mathfrak{r}\, d^3\mathfrak{k}.$$

Durch partielle Integration bezüglich $\mathfrak{r}'$ ergibt sich hieraus

$$\bar{\mathfrak{p}} = \frac{\hbar}{(2\pi)^3\,i} \iiint\limits_{-\infty}^{+\infty} \psi^*(\mathfrak{r})\, \mathrm{grad}_{\mathfrak{r}'}\psi(\mathfrak{r}')\, e^{i\,\mathfrak{k}\,(\mathfrak{r}-\mathfrak{r}')}\, d^3\mathfrak{r}'\, d^3\mathfrak{r}\, d^3\mathfrak{k}.$$

Die $\mathfrak{k}$-Integration führt jetzt wieder auf die Delta-Funktion; mit ihrer Hilfe läßt sich auch die Integration über $\mathfrak{r}'$ ausführen, und man erhält tatsächlich das erwartete Resultat:

$$\bar{\mathfrak{p}} = \frac{\hbar}{i} \int\limits_{-\infty}^{+\infty} \psi^*(\mathfrak{r})\, \mathrm{grad}\, \psi(\mathfrak{r})\, d^3\mathfrak{r}.$$

Man darf also wirklich $\chi^*(\mathfrak{k})\, \chi(\mathfrak{k})$ als *Wahrscheinlichkeitsdichte im Impulsraum* analog dem $\psi^*(\mathfrak{r})\, \psi(\mathfrak{r})$ im Ortsraum auffassen.

Folgendes ist hier noch erwähnenswert: Aus der gegenseitigen Verkopplung von ψ und χ (vgl. (10.2)) folgt u. a. rein mathematisch, daß bei völliger Bestimmtheit des Impulses der Ort der Partikel völlig unbestimmt bleibt und umgekehrt. Denn z. B. aus $\chi(\mathfrak{k}) = \delta(\mathfrak{k} - \mathfrak{k}')$ folgt

$$\psi(\mathfrak{r}) = \frac{1}{(2\pi)^{\frac{3}{2}}}\, e^{i\mathfrak{k}'\mathfrak{r}},$$

somit $\psi^*(\mathfrak{r})\,\psi(\mathfrak{r}) = $ tonst. Allgemeiner läßt sich zeigen, daß die mittleren Schwankungsquadrate von Ort und Impuls der Partikel,

$$(\varDelta x)^2 = \overline{(x - \bar{x})^2}\,;\ (\varDelta p_x)^2 = \overline{(p_x - \bar{p}_x)^2}$$

(entsprechend für y und z), aus rein mathematischen Gründen gemäß

$$\varDelta x\,\varDelta p_x \geqq \frac{\hbar}{2},\ \ \varDelta y\,\varDelta p_y \geqq \frac{\hbar}{2},\ \ \varDelta z\,\varDelta p_z \geqq \frac{\hbar}{2} \tag{10.3}$$

verkoppelt sind. Das sind die *Heisenbergschen Unschärferelationen*, die hier ganz formal aus unserer statistischen Deutung der Wellenmechanik fließen.

Wenden wir uns nun der Frage nach der physikalischen Bedeutung einer beliebigen Zeitabhängigkeit der Schrödinger-Funktion zu. Nach obigem liegt folgende Annahme sehr nahe: Falls ψ sich in der Form

$$\psi(\mathfrak{r}, t) = \sum_n c_n\,\varphi_n(\mathfrak{r})\,e^{-\frac{i}{\hbar}E_n t}$$

schreiben läßt (φ_n und E_n Eigenfunktionen bzw. Eigenwerte der zeitfreien Schrödinger-Gleichung), so sind die Zahlen $c_n^*\,c_n$ die *Wahrscheinlichkeiten* dafür, die Partikel mit der *Energie E_n vorzufinden*. Diese Annahme hat sich allgemein bewährt; sie findet eine Stütze in der Tatsache, daß aus $\int \psi^*\,\psi\,d^3\mathfrak{r} = 1$ folgt $\sum c_n^*\,c_n = 1$.

Beim Beweis dieser Tatsache brauchen wir wesentlich den folgenden fundamentalen Satz: Irgend zwei Eigenfunktionen derselben zeitfreien Schrödinger-Gleichung sind *orthogonal* zueinander. Diesen Satz wollen wir zuerst beweisen. — Gehen wir mit dem Ansatz $\psi_n(\mathfrak{r}, t) = \varphi_n(\mathfrak{r})\,e^{-\frac{i}{\hbar}E_n t}$ in die allgemeine Schrödinger-Gleichung ein, so folgt die zeitfreie Schrödinger-Gleichung

$$\frac{\hbar^2}{2\,m}\varDelta\varphi_n + (E_n - U)\,\varphi_n = 0. \tag{10.4}$$

Wir greifen aus der Schar der Lösungen von (10.4) irgend zwei, etwa φ_1 und φ_2, heraus; sie befriedigen also die Gleichungen

$$-\frac{\hbar^2}{2\,m}\varDelta\varphi_1 + U\varphi_1 = E_1\varphi_1,\ \ \ \ -\frac{\hbar^2}{2\,m}\varDelta\varphi_2 + U\varphi_2 = E_2\varphi_2.$$

Von der ersten dieser Gleichungen gehen wir zur konjugiert komplexen Beziehung über und multiplizieren sie von links mit φ_2. Die zweite Gleichung wird mit φ_1^* von links multipliziert, sodann werden beide Gleichungen subtrahiert und über den gesamten Ortsraum integriert. So entsteht

$$\frac{\hbar^2}{2\,m}\int(\varphi_1^*\,\varDelta\varphi_2 - \varphi_2\,\varDelta\varphi_1^*)\,d^3\mathfrak{r} = (E_1 - E_2)\int\varphi_1^*\,\varphi_2\,d^3\mathfrak{r}\,.$$

Der Integrand links läßt sich als Divergenz des Vektorfeldes

$$\mathfrak{F} = \varphi_1^*\,\text{grad}\,\varphi_2 - \varphi_2\,\text{grad}\,\varphi_1^*$$

auffassen, denn es gilt

$$\varphi_1^* \, \Delta \varphi_2 - \varphi_2 \, \Delta \varphi_1^* = \text{div} \, (\varphi_1^* \, \text{grad} \, \varphi_2 - \varphi_2 \, \text{grad} \, \varphi_1^*).$$

Nach dem Gaußschen Satz aber ist .

$$\int\limits_G \text{div} \, \mathfrak{Z} \, d^3\mathfrak{r} = \int\limits_O \mathfrak{Z} \cdot \mathfrak{N} \, dO,$$

wo $\mathfrak{N}$ den Normalenvektor der Oberfläche O des Integrationsvolumens G bedeutet. Das letzte Integral jedoch wird Null, da G beliebig groß gemacht werden kann, die φ_n aber normiert sein sollen. Folglich bleibt

$$(E_1 - E_2) \int\limits_G \varphi_1^* \, \varphi_2 \, d^3\mathfrak{r} = 0.$$

Demnach ist entweder $E_1 = E_2$ oder aber $\int\limits_G \varphi_1^* \varphi_2 \, d^3\mathfrak{r} = 0$. Für $E_1 \neq E_2$ ist die Orthogonalität der Eigenfunktionen der Energie also erwiesen. Für $E_1 = E_2$ haben wir den Fall der Entartung, d. h., zum gleichen Eigenwert gehören mindestens zwei linear unabhängige Eigenfunktionen. Dann weiß man aber, daß man durch Bildung geeigneter Linearkombinationen nach dem Schmidtschen Orthogonalisierungsverfahren stets orthogonale Funktionen erzeugen kann. Bei Kenntnis des Schmidtschen Verfahrens dürfen wir also obigen Satz als vollständig bewiesen ansehen; er lautet einfach

$$\int\limits_G \varphi_m^* \, \varphi_n \, d^3\mathfrak{r} = \delta_{mn}, \tag{10.5}$$

wobei G ein geeignetes Integrationsvolumen und $\delta_{mn} = \begin{cases} 0\,; \, m \neq n \\ 1\,; \, m = n \end{cases}$ das Kronecker-Symbol bedeuten.

Nun kann sehr leicht bewiesen werden, daß aus

$$\int\limits_G \psi^* \psi \, d^3\mathfrak{r} = 1 \quad \text{folgt} \quad \sum_n c_n^* c_n = 1.$$

Da

$$\psi \, (\mathfrak{r}, t) = \sum_n c_n \, \varphi_n \, (\mathfrak{r}) \, e^{-\frac{i}{\hbar} E_n t}$$

gilt, folgt

$$\int\limits_G \psi^* \psi \, d^3\mathfrak{r} = \sum_{m,n} c_m^* c_n \, e^{\frac{i}{\hbar}(E_m - E_n)t} \int\limits_G \varphi_m^* \varphi_n \, d^3\mathfrak{r}$$

$$= \sum_{m,n} c_m^* c_n \, e^{\frac{i}{\hbar}(E_m - E_n)t} \, \delta_{mn}$$

$$= \sum_n c_n^* c_n,$$

womit der Beweis geliefert ist.

Wenn die $c_n{}^* c_n$ aber die Bedeutung von Wahrscheinlichkeiten haben, dann ist die mittlere Energie $\bar{E}$ in einem durch

$$\psi(\mathfrak{r}, t) = \sum_n c_n\, e^{-\frac{i}{\hbar} E_n t}\, \varphi_n(\mathfrak{r})$$

beschriebenen Zustand gleich $\bar{E} = \sum c_n{}^* c_n \bar{E}_n$.
Wir wollen auch eine Formel angeben, die $\bar{E}$ direkter mit ψ verbindet, als es obige tut. Zu diesem Zweck verschaffen wir uns zunächst einen Ausdruck der c_n als Funktion von ψ. Ersichtlich gilt

$$\int\limits_G \varphi_m{}^* \psi\, d^3\mathfrak{r} = \sum_n c_n\, e^{-\frac{i}{\hbar} E_n t} \int\limits_G \varphi_m{}^* \varphi_n\, d^3\mathfrak{r}$$

$$= \sum_n c_n\, e^{-\frac{i}{\hbar} E_n t}\, \delta_{mn}$$

$$= c_m\, e^{-\frac{i}{\hbar} E_m t}$$

also
$$c_n = e^{\frac{i}{\hbar} E_n t} \int\limits_G \varphi_n{}^* \psi\, d^3\mathfrak{r}.$$

Hieraus ergibt sich für den Mittelwert $\bar{E}$:

$$E = \sum_n c_n{}^* E_n\, e^{\frac{i}{\hbar} E_n t} \int\limits_G \varphi_n{}^* \psi\, d^3\mathfrak{r}.$$

Setzt man $e^{\frac{i}{\hbar} E_n t}\, \varphi_n{}^* = \psi_n{}^*$, so gilt natürlich

$$-\frac{\hbar^2}{2m} \Delta \psi_n{}^* + U \psi_n{}^* = E_n \psi_n{}^* = \frac{\hbar}{i}\, \frac{\partial \psi_n{}^*}{\partial t}\ ,$$

also hat man auch

$$\bar{E} = \sum_n c_n{}^* \int\limits_G \psi\, \frac{\hbar}{i}\, \frac{\partial \psi_n{}^*}{\partial t}\, d^3\mathfrak{r}$$

$$= \frac{\hbar}{i} \int\limits_G \psi\, \frac{\partial}{\partial t} \left(\sum_n c_n{}^* \psi_n{}^* \right) d^3\mathfrak{r}$$

$$= \frac{\hbar}{i} \int\limits_G \psi\, \frac{\partial}{\partial t}\, \psi^*\, d^3\mathfrak{r}$$

oder auch
$$\bar{E} = -\frac{\hbar}{i} \int\limits_G \psi^*\, \frac{\partial}{\partial t}\, \psi\, d^3\mathfrak{r} = \int\limits_G \psi^* \left(-\frac{\hbar^2}{2m} \Delta + U \right) \psi\, d^3\mathfrak{r}.$$

Wir können demnach die folgenden zwei *Mittelwertformeln* nebeneinanderstellen:

$$\mathfrak{p} = \int \psi^* \left(\frac{\hbar}{i} \operatorname{grad} \right) \psi \, d^3 \mathfrak{r}, \quad \bar{E} = \int \psi^* \left(-\frac{\hbar^2}{2m} \Delta + U \right) \psi \, d^3 \mathfrak{r}. \quad (10.6\,\mathrm{a},6\,\mathrm{b})$$

Zu ihnen schreiben wir noch die Gleichungen, aus denen man die *Eigenwerte* und *Eigenfunktionen* der betreffenden Größen entnehmen kann:

$$\left(\frac{\hbar}{i} \operatorname{grad} \right) \psi_j = \mathfrak{p}_j \psi_j, \quad \left(-\frac{\hbar^2}{2m} \Delta + U \right) \psi_n = E_n \psi_n. \quad (10.7\,\mathrm{a},\,7\,\mathrm{b})$$

Von der Gültigkeit der hier erstmals auftretenden Gleichung (10.7a) überzeugt man sich am einfachsten durch Einsetzen der bekannten Impuls-Eigenfunktionen $\psi_j \sim e^{\frac{i}{\hbar}\,\mathfrak{p},\mathfrak{r}}$. Die Gleichungen (10.6) und (10.7) kann man sehr bequem, kurz und einheitlich schreiben, wenn man sich der *Differentialoperatoren*

$$\mathfrak{p} = \frac{\hbar}{i} \operatorname{grad} \quad \text{und} \quad \boldsymbol{H} = -\frac{\hbar^2}{2m} \Delta + U$$

bedient:
$$\bar{\mathfrak{p}} = \int \psi^* \mathfrak{p} \psi \, d^3 \mathfrak{r}, \quad \bar{E} = \int \psi^* \boldsymbol{H} \psi \, d^3 \mathfrak{r}, \quad (10.8)$$

$$\mathfrak{p} \psi_j = \mathfrak{p}_j \psi_j, \quad \boldsymbol{H} \psi_n = E_n \psi_n.$$

Im Anschluß an diese Operatorschreibweise hat sich folgende *Sprechweise* gebildet: *Der physikalischen Größe* $\left(\begin{smallmatrix} Impuls \\ Energie \end{smallmatrix} \right)$ *ist der Operator* $\left(\begin{smallmatrix} \mathfrak{p} \\ \boldsymbol{H} \end{smallmatrix} \right)$ (s. oben) *zugeordnet.* Die Eigenfunktionen dieser physikalischen Größen erhält man, indem man den betreffenden Operator auf eine ψ-Funktion anwendet und fordert, daß sie sich dabei bis auf einen Faktor reproduziert. Die auftretenden Faktoren sind dann gerade die Eigenwerte der betreffenden Größe. Den Mittelwert dieser Größe in einem beliebigen, durch $\psi(\mathfrak{r}, t)$ gekennzeichneten Zustand erhält man, indem man den zugehörigen Operator auf ψ anwendet, von links mit ψ^* multipliziert und über den Ortsraum integriert.

Als wesentlich heben wir hierbei die Einführung von *Operatoren* hervor, die sich als sehr fruchtbar erwiesen hat. (Zur Operatorrechnung s. [13].) Die einer bestimmten Größe zugeordneten Operatoren haben in der gesamten Quantentheorie *keine andere*

als die in den obigen Zeilen dargelegte Bedeutung. — Auch die
Formel für den Mittelwert der Ortskoordinate der Partikel

$$\bar{\mathfrak{r}} = \int \psi^* \, \mathfrak{r}\psi \, d^3\mathfrak{r},$$

läßt sich in die Form

$$\bar{\mathfrak{r}} = \int \psi^* \, \mathbf{r} \, \psi \, d^3\mathfrak{r}$$

bringen, wenn man einfach $\mathbf{r} = \mathfrak{r}$ setzt; der Ortsoperator ist demnach besonders einfach gebaut, er ist der Operator der Multiplikation mit $\mathfrak{r}$.

Bisher wurde nur von den physikalischen Größen Ort, Impuls und Gesamtenergie der Partikel gesprochen. Diese Größen aber sollten natürlich in keiner Weise vor allen anderen physikalisch vernünftigen Bestimmungsstücken unserer Partikel ausgezeichnet sein. Diese Erwartung führt uns zu einer weitgehenden Verallgemeinerung unserer bisherigen Wellenmechanik: Wir führen jetzt die Annahme ein, daß *einer beliebigen Größe G der klassischen Teilchenmechanik ein Operator G zugeordnet ist.* Dieser Operator soll dabei die Bedeutung haben, daß man die Eigenwerte g_n und Eigenfunktionen ψ_n der Größe G aus der Gleichung

$$\mathbf{G}\psi_n = g_n \psi_n \tag{10.9}$$

und den Mittelwert $\bar{G}$ von G in irgendeinem (normierten) Zustand ψ mittels

$$\bar{G} = \int \psi^* \, \mathbf{G}\psi \, d^3\mathfrak{r} \tag{10.10}$$

erhält.

Diese Annahmen sind natürlich nur dann von Bedeutung, wenn man zu jeder interessierenden Größe G auch den zugehörigen Operator $\mathbf{G}$ wirklich angeben kann. Hierbei hat sich folgende Vorschrift bewährt: Aus der klassischen Physik kennt man zumeist die Funktion $G(\mathfrak{p}, \mathfrak{r})$. Diese liefert direkt $\mathbf{G}$ durch die Beziehung

$$\mathbf{G} = G(\mathfrak{p}, \mathfrak{r}). \tag{10.11}$$

Wir geben einige Beispiele: Der Operator $\mathbf{U}$ der potentiellen Energie $U(\mathfrak{r})$ ist einfach

$$\mathbf{U} = U(\mathfrak{r})$$

wegen $\mathbf{r} = \mathfrak{r}$. Anwendung von $\mathbf{U}$ auf ψ bedeutet also Multiplikation von ψ mit $U(\mathfrak{r})$. — Der Operator $\mathbf{T}$ der kinetischen Energie $T = \dfrac{\mathfrak{p}^2}{2\,m}$ ist nach (10.11) und (10.8)

$$\mathbf{T} = -\frac{\hbar^2}{2\,m}\,(\mathrm{grad})^2 = -\frac{\hbar^2}{2\,m}\,\varDelta.$$

Da $E = T + U$ ist, sollte auch $\boldsymbol{H} = \boldsymbol{T} + \boldsymbol{U}$ gelten. $\boldsymbol{H} = -\dfrac{\hbar^2}{2m}\,\Delta + U$ ist der der klassischen Hamilton-Funktion $H = \dfrac{\mathfrak{p}^2}{2m} + U = E$ zugeordnete Operator, den man Hamilton-Operator nennt. Daraus hat man seinerzeit vor allem (10.11) abgelesen.

Die Schrödinger-Gleichung, die die zeitliche Entwicklung des Systems beschreibt, erhält somit die Form

$$i\hbar\,\frac{\partial \psi}{\partial t} = \boldsymbol{H}\psi. \tag{10.12}$$

Die z-Komponente des Drehimpulses, L_z, ist mit den kartesischen Komponenten der Vektoren $\mathfrak{r}$ und $\mathfrak{p}$ bekanntlich verbunden durch

$$L_z = (x\,p_y - y\,p_x).$$

In Zylinderkoordinaten $(x = r\cos\varphi,\ y = r\sin\varphi,\ z = z)$ lautet dies einfach

$$\boldsymbol{L_z} = \frac{\hbar}{i}\,\frac{\partial}{\partial \varphi}. \tag{10.13}$$

Uns interessieren insbesondere die Eigenwerte von $\boldsymbol{L_z}$. Um sie zu erhalten, hätten wir nach (10.9) die Gleichung

$$\frac{\hbar}{i}\,\frac{\partial \psi}{\partial \varphi} = l_z\,\psi$$

zu lösen. Deren Lösungen sind natürlich

$$\psi \sim e^{\frac{i}{\hbar} l_z \varphi}.$$

Nicht alle Werte von l_z sind aber zulässig: Die Funktion ψ muß in φ eindeutig sein, also die Periode 2π haben, weshalb $\dfrac{l_z}{\hbar} = \pm\,m$ $(m = 0, 1, 2, \ldots)$ gefordert werden muß. Die Eigenwerte von L_z sind demnach

$$L_z \to \pm\,m\hbar \quad (m = 0, 1, 2, 3, \ldots). \tag{10.14}$$

Aus (10.13) erhält man sofort die schon früher berechneten Energieeigenwerte des eindimensionalen Rotators, wenn man die klassische Formel $E = \dfrac{L_z^2}{2\Theta}$ beachtet ($\Theta = $ Trägheitsmoment des Rotators).

Es sei an dieser Stelle die Bemerkung eingeschoben, daß wir oben (§ 7) die Eigenfunktionen der Energie ebensogut in der Form $\cos m\varphi$ und $\sin m\varphi$ schreiben könnten. Dies sind aber keine Eigenfunktionen von L_z mehr, sondern Mischungen der beiden zu $L_z \rightarrow + m\hbar$ und $L_z \rightarrow - m\hbar$ gehörigen Eigenfunktionen. Der Mittelwert von L_z, gemäß (10.10) gebildet, verschwindet auch, wenn er mit den cos- und sin-Funktionen berechnet wird.

Übrigens ist die Vorschrift (10.11) nicht immer eindeutig. Wenn z. B. in $G(\mathfrak{p}, \mathfrak{r})$ ein Produkt $p_x \cdot x$ vorkommt, so weiß man nicht, ob man in G hierfür $p_x \cdot x$ oder $x \cdot p_x$ schreiben soll. Für das Operatorenpaar p_x, x (und die Operatorenpaare $p_y, y; \; p_z, z; \; L_z, \varphi$ u. a.) gilt nämlich das kommutative Gesetz der Multiplikation nicht mehr. In solchen Fällen erhält man meist den richtigen Operator, wenn man in G setzt: $\frac{1}{2}(p_x \cdot x + x \cdot p_x)$. Auf den Umstand, daß das kommutative Gesetz der Multiplikation bei Operatoren im allgemeinen nicht gilt, hat man beim Rechnen mit Operatoren stets zu achten.

Die Vernünftigkeit der Regel (10.9) zur Berechnung der Eigenwerte einer physikalischen Größe kann noch durch folgende Überlegung geprüft werden: Physikalische Größen sind stets wesentlich *reell*; deshalb wäre es unverständlich, wenn aus (10.9) jemals komplexe oder imaginäre Eigenwerte für physikalisch sinnvolle Größen folgen würden. (10.9) wird also nur dann vernünftig sein, wenn sie stets zu reellen Eigenwerten für physikalisch sinnvolle Größen führt. — Wir überzeugen uns jetzt davon, daß dies nicht im allgemeinen, sondern nur für eine bestimmte Klasse von Operatoren der Fall ist.

Das sieht man wie folgt ein: Seien $\psi_1, \psi_2; \; g_1, g_2$ zwei beliebige Eigenfunktionen bzw. die zugehörigen Eigenwerte von G, also

$$G\psi_1 = g_1 \cdot \psi_1, \quad G\psi_2 = g_2 \cdot \psi_2,$$

dann folgt sofort die Beziehung

$$\int \psi_1^* (G\psi_2)\, d^3\mathfrak{r} - \int (G\psi_1)^* \psi_2\, d^3\mathfrak{r} = (g_2 - g_1^*) \int \psi_1^* \psi_2\, d^3\mathfrak{r}.$$

Setzen wir jetzt $\psi_1 = \psi_2$, so müßte, damit $g_1 = g_2$ reell ist, $g_1 = g_2 = g_1^*$ und somit $\int \psi_1^* (G\psi_1)\, d^3\mathfrak{r} = \int (G\psi_1)^* \psi_1\, d^3\mathfrak{r}$ sein. Dies ist ein Spezialfall der wohlbekannten Eigenschaft aller *hermitischen Operatoren*:

$$\int \psi_1^* (G\psi_2)\, d^3\mathfrak{r} = \int (G\psi_1)^* \psi_2\, d^3\mathfrak{r}. \tag{10.15}$$

Durch (10.15) ist die Klasse der hermitischen Operatoren definiert.

Hermitische Operatoren haben also stets *reelle Eigenwerte*. Demnach müssen die physikalischen Größen zugeordneten Operatoren *sämtlich* hermitisch sein. Tatsächlich kann man sich davon überzeugen, daß die bisher eingeführten Operatoren die Eigenschaft (10.15) besitzen. Bei Differentialoperatoren zeigt man das durch partielle Integration. So sieht man z. B., daß $\dfrac{\partial}{\partial x}$ (falls x

eine reelle Variable ist) nicht hermitisch ist, wohl aber $i\,\dfrac{\partial}{\partial x}$, während x selbst trivialerweise hermitisch ist, nicht aber ix.

Hier möge noch ein mathematischer Satz Platz finden, auf dessen Beweis wir allerdings verzichten müssen. Es handelt sich um einen Satz über die Lösbarkeit des Eigenwertproblems (10.9). Da wir es in der Wellenmechanik i. allg. mit Differentialoperatoren zu tun haben, nimmt (10.9) die Gestalt einer Differentialgleichung an. Hermitische Differentialoperatoren sind dann gleichbedeutend mit selbstadjungierten Differentialausdrücken, und man erhält mit gewissen Einschränkungen über Stetigkeit und Randwerte der Lösungen wohlbekannte mathematische Probleme. Man kann über diese Eigenwertprobleme ganz allgemein sagen, daß sie eine (abzählbare oder auch nicht-abzählbare, diskrete oder auch kontinuierliche) unendliche Mannigfaltigkeit von Eigenlösungen besitzen, und daß die Gesamtheit dieser Eigenfunktionen stets ein vollständiges Orthogonalsystem bildet (Genaueres hierzu in [14]). Das Wörtchen „vollständig" ist dabei sehr wichtig, weil es die beliebig genaue Entwickelbarkeit einer beliebigen Funktion (die allerdings denselben Einschränkungen, insbesondere bezüglich der Randbedingungen, wie die Eigenfunktionen unterworfen ist) nach dem System der Eigenfunktionen garantiert. Wir werden später diese Tatsache wesentlich zu benutzen haben.

§ 11. Ein Beispiel: Allgemeines kugelsymmetrisches Potential

Damit dem Leser die auf den vorstehenden Seiten entwickelten Grundlagen der Wellenmechanik etwas vertrauter werden, sollen jetzt einige konkrete Probleme wellenmechanisch behandelt werden. Wir geben zunächst eine wellenmechanische Behandlung der Bewegung eines Teilchens in einem Zentralkraftfeld, d. h. in einem kugelsymmetrischen Potentialfeld. Als Ausgangspunkt benutzen wir die Schrödinger-Gleichung für stationäre Zustände; der ortsabhängige Teil der ψ-Funktion werde aber vorübergehend nicht φ, sondern χ genannt; die Gleichung lautet also

$$\frac{\hbar^2}{2\,m}\,\Delta\chi + (E - U\,(|\mathfrak{r}|))\,\chi = 0. \tag{11.1}$$

Wegen der Kugelsymmetrie von U liegt es nahe, Kugelkoordinaten r, ϑ, φ einzuführen. In diesen Koordinaten lautet der Laplace-Operator bekanntlich

$$\Delta = \frac{1}{r^2}\frac{\partial}{\partial r}\left(r^2\frac{\partial}{\partial r}\right) + \frac{1}{r^2}\frac{1}{\sin\vartheta}\frac{\partial}{\partial\vartheta}\left(\sin\vartheta\frac{\partial}{\partial\vartheta}\right) + \frac{1}{r^2\sin^2\vartheta}\frac{\partial^2}{\partial\varphi^2}.$$

Führen wir zur Abkürzung für den auf die Winkelvariablen ϑ, φ wirkenden Teil von Δ die Bezeichnung Λ ein, also

$$\Lambda = \frac{1}{\sin \vartheta} \frac{\partial}{\partial \vartheta} \left(\sin \vartheta \, \frac{\partial}{\partial \vartheta} \right) + \frac{1}{\sin^2 \vartheta} \frac{\partial^2}{\partial \varphi^2}, \tag{11.2}$$

und machen wir weiterhin den *Separationsansatz*

$$\chi(r, \vartheta, \varphi) = R(r) \cdot Y(\vartheta, \varphi), \tag{11.3}$$

so können wir die Schrödinger-Gleichung in der Form

$$\frac{1}{R} \frac{\partial}{\partial r} \left(r^2 \frac{\partial R}{\partial r} \right) + \frac{2\,m}{\hbar^2} r^2 (E - U(r)) = - \frac{1}{Y} \Lambda Y$$

schreiben. Die linke Seite dieser Gleichung hängt nur von der Variablen r, die rechte von den Variablen ϑ und φ ab. Da die Gleichung aber für beliebige Werte von r, ϑ, φ gelten soll, müssen beide Seiten derselben Konstante, etwa λ, gleich sein. Die Separation ist demnach vollzogen; wir erhalten zwei Gleichungen statt der einen, nämlich

$$\frac{1}{r^2} \frac{d}{dr} \left(r^2 \frac{dR}{dr} \right) + \frac{2\,m}{\hbar^2} (E - U(r)) R - \frac{\lambda}{r^2} R = 0, \tag{11.4}$$

$$\Lambda Y + \lambda Y = 0. \tag{11.5}$$

(11.4) enthält $U(r)$ und kann deshalb erst nach Spezialisierung dieser Funktion weiter behandelt werden. Wir diskutieren daher zuerst (11.5). Diese Gleichung lautet ausführlich:

$$\frac{1}{\sin \vartheta} \frac{\partial}{\partial \vartheta} \left(\sin \vartheta \, \frac{\partial Y}{\partial \vartheta} \right) + \frac{1}{\sin^2 \vartheta} \frac{\partial^2 Y}{\partial \varphi^2} + \lambda Y = 0; \tag{11.5}$$

sie ist den Mathematikern als Gleichung der *Kugelflächenfunktionen* gut bekannt. Man weiß von ihr, daß sie eindeutige und überall auf der Kugel endliche Lösungen nur für spezielle Werte des Parameters λ besitzt, nämlich für

$$\lambda = l(l+1) \quad (l = 0, 1, 2, \ldots); \tag{11.6a}$$

die zugehörigen Eigenfunktionen werden (bis auf einen Normierungsfaktor) gewöhnlich in der Form

$$Y_l{}^m(\vartheta, \varphi) = e^{i\,m\,\varphi} P_l{}^m(\cos \vartheta) \tag{11.6b}$$

geschrieben, wobei $m = 0, \pm 1, \pm 2, \ldots, \pm l$ und $P_l{}^m$ die *zugeordneten Kugelfunktionen* (oder *zugeordneten Legendreschen Polynome*) bedeuten (vgl. z. B. [6b]). (Man beachte, daß natürlich die Zahl m nichts mit der ebenso bezeichneten Masse des Teilchens zu tun hat.)

Die Eigenfunktionen von (11.5) müssen also durch zwei Quantenzahlen l und m gekennzeichnet werden. Dabei ist aber charakteristisch, daß λ nur von l, nicht von m abhängt. Da (11.4), die Eigenwertgleichung für die Energie E, nur λ bzw. l und nicht auch m enthält, ist klar, daß die Energie von m nicht abhängen kann. Wir müssen also i. allg. mit entarteten Energieniveaus rechnen; zu einem gegebenen l gibt es $(2l+1)$ durch m zu unterscheidende Funktionen $Y_l{}^m$, die alle zum gleichen Energiewert gehören.

Einen gewissen Einblick in die physikalische Bedeutung der Eigenlösungen (11.6) von (11.5) gewinnt man durch die folgenden Überlegungen: Aus der φ-Abhängigkeit der $Y_l{}^m$ (vgl. (11.6b)) schließt man sofort, daß die $Y_l{}^m$ auch Eigenfunktionen des Operators L_z der z-Komponente des Drehimpulses sind. Genauer gilt (vgl. § 10)

$$L_z Y_l{}^m = \frac{\hbar}{i} \frac{\partial}{\partial \varphi} Y_l{}^m = \hbar m Y_l{}^m. \tag{11.7}$$

Der zu $Y_l{}^m$ gehörige Eigenwert von L_z ist also $\hbar m$. Damit hat m eine sehr anschauliche physikalische Bedeutung gewonnen. — Eine ganz ähnliche Bedeutung besitzt die Quantenzahl l; der Nachweis dieser Beziehung ist jedoch etwas komplizierter, weshalb er übergangen werde (s. etwa [15]). Es läßt sich aber zeigen, daß l mit den Eigenwerten des Operators des Drehimpuls-Quadrates $\mathfrak{L}^2$ zusammenhängt:

$$\mathfrak{L}^2 Y_l{}^m = \hbar^2 l(l+1) Y_l{}^m.$$

Dabei ist übrigens $\mathfrak{L}^2$ definiert durch

$$\mathfrak{L}^2 = L_x{}^2 + L_y{}^2 + L_z{}^2$$

und erweist sich als

$$\mathfrak{L}^2 = -\hbar^2 \Lambda$$

mit Λ gemäß (11.2).

Bei Kenntnis der physikalischen Bedeutung der Quantenzahlen l, m wird uns manche der eben formal abgeleiteten Beziehungen verständlich: Die Tatsache, daß $|m| \leqq l$ ist, bringt lediglich zum Ausdruck, daß eine Komponente eines Vektors nie größer werden kann als der Vektor selbst. — Daß E nur von l, nicht von m abhängt, scheint uns jetzt ebenfalls selbstverständlich: Die verschiedenen zum gleichen l gehörigen m bedeuten ja lediglich verschiedene räumliche Orientierungen des Drehimpulsvektors konstanter Größe. Da keine Raumrichtung physikalisch ausgezeichnet ist, kann die physikalisch wesentliche Größe Energie nicht von dieser Richtung des Drehimpulses im Raume abhängen.

Aus der Quantisierung von L_z folgt übrigens eine Erscheinung, die man als *Richtungsquantisierung* zu bezeichnen pflegt: Der Drehimpulsvektor konstanter Länge (l sei fest) kann relativ zu der (willkürlich gewählten) z-Achse keine beliebige Richtung einnehmen, sondern nur gewisse diskrete Richtungen, die eben durch die Eigenwerte von L_z und den von $\mathfrak{L}^2$ bestimmt sind. Doch darf man diese Richtungen nicht zu wörtlich auffassen, wie folgende Überlegung zeigt: Wenn der Drehimpuls wie in der klassischen Physik auch in der Wellenmechanik eine genau angebbare Richtung im Raume hätte, so müßten auch die Werte von L_y und L_x genau angebbar sein. Genauer müßten die Y_l^m auch Eigenfunktionen von L_y und L_x sein. Man kann sich aber explizit davon überzeugen, daß dies nicht der Fall ist: Y_l^m sind keine Eigenfunktionen von L_y und L_x. Durch Linearkombinationen der Y_l^m von gleichem l, aber verschiedenen m kann man zwar Eigenfunktionen von L_x oder auch von L_y aufbauen, diese sind jedoch dann nicht mehr Eigenfunktionen der beiden anderen Drehimpuls-Komponenten.

Da wir diese Tatsache bald mühelos aus allgemeineren Gesetzen herleiten können, verzichten wir hier auf ihren Beweis. Wir wollen nur festhalten, daß aus der Tatsache der Stationärität der Eigenfunktionen Y_l^m sofort folgt, daß die Mittelwerte von L_x, L_y, L_z und $\mathfrak{L}^2$ unabhängig von der Zeit werden. Dies ist das wellenmechanische Analogon zum Drehimpulssatz der klassischen Mechanik bei Zentralkräften. Daß dieser Satz aber in der Wellenmechanik weniger enthält als in der Klassik, sieht man daran, daß nur von $\mathfrak{L}^2$ und einer Komponente von $\mathfrak{L}$ der Meßwert genau festliegt, während über die anderen Kompenenten von $\mathfrak{L}$ nur Wahrscheinlichkeitsaussagen gemacht werden können.

§ 12. Das Coulomb-Potential

Wenden wir uns nun der Lösung von (11.4) für eine spezielle Potentialfunktion U zu. Es möge U der Bewegung eines Elektrons im elektrostatischen Felde eines Atomkernes der Ladung Ze entsprechen, so daß wir also $U = -\dfrac{Ze^2}{r}$ zu setzen haben. Dieses Potential tritt bei einigen Atomen bzw. Ionen (H, He$^+$, Li^{++} usw.) exakt, bei anderen in gewisser Näherung auf, ist also physikalisch recht bedeutsam. (11.4) erhält hiermit die Gestalt

$$\frac{d^2 R}{dr^2} + \frac{2}{r}\frac{dR}{dr} + \left(A + \frac{2B}{r} - \frac{l(l+1)}{r^2} \right) R = 0,$$

wobei
$$A = \frac{2m}{\hbar^2} E, \qquad B = \frac{m}{\hbar^2} Z e^2$$

gesetzt sind. Statt A wird im folgenden auch gern die Konstante r_0 benutzt, die aus A vermittels $A = -\dfrac{1}{r_0^2}$ hervorgeht.

Diese Abkürzung empfiehlt sich allerdings nur im Fall $E < 0$, auf den wir uns hier beschränken wollen.

Für große r kann obige Gleichung angenähert werden durch $\dfrac{d^2 R}{dr^2} = \dfrac{R}{r_0^2}$, also verhält sich für große r die Funktion R wie $e^{\pm \frac{r}{r_0}}$. Wir machen deshalb den Ansatz

$$R(r) = e^{-\frac{r}{r_0}} v(r).$$

Dann erhält man für v die Differentialgleichung

$$\frac{d^2 v}{d\varrho^2} + \left(\frac{2}{\varrho} - 1\right) \frac{dv}{d\varrho} + \left[(B r_0 - 1)\, \frac{1}{\varrho} - \frac{l(l+1)}{\varrho^2}\right] v = 0,$$

in der noch $\varrho = \dfrac{2r}{r_0} = 2r \sqrt{-A}$ gesetzt wurde. Diese Gleichung versuchen wir mittels des Reihenansatzes

$$v = \varrho^\alpha w(\varrho) = \varrho^\alpha \sum_{\nu=0}^{\infty} a_\nu\, \varrho^\nu$$

zu integrieren; α und die a_ν sind hier noch unbekannt. Sie ergeben sich, wie üblich, aus dem Koeffizientenvergleich gleicher ϱ-Potenzen in obiger Gleichung für v. Die niedrigste Potenz von ϱ, $\varrho^{\alpha-2}$, trägt den Koeffizienten

$$a_0\left[\alpha(\alpha-1) + 2\alpha - l(l+1)\right] = a_0\left[\alpha(\alpha+1) - l(l+1)\right].$$

Der Koeffizient des allgemeinen Gliedes $\varrho^{\nu+\alpha-1}$ aber ist

$$\left[(\nu+\alpha+1)(\nu+\alpha) + 2(\nu+\alpha+1) - l(l+1)\right] a_{\nu+1}$$
$$- \left[\nu+\alpha+1 - B r_0\right] a_\nu.$$

Sämtliche Koeffizienten müssen gemäß der Gleichung für v gleich Null sein. Da $a_0 = 0$ zu einer identisch verschwindenden Funktion v führen würde, muß zunächst

$$\alpha(\alpha+1) = l(l+1)$$

gelten, d.h. $\alpha = l$ oder $\alpha = -(l+1)$ sein. Man kann sich klarmachen, daß die zweite Wurzel eine unzulässige Singularität in R (bei $r = 0$) tragen würde, so daß nur

$$\alpha = l$$

sich als brauchbar erweist. a_0 bleibt unbestimmt und fungiert als Integrationskonstante; alle höheren a_ν sind mittels der Rekursionsformel,

$$\frac{a_{\nu+1}}{a_\nu} = \frac{\nu + l + 1 - Br_0}{(\nu + l + 1)(\nu + l) + 2(\nu + l + 1) - l(l+1)}$$

auf a_0 zurückführbar. Damit ist im Prinzip die Reihe $w(\varrho) = \sum\limits_{\nu=0}^{\infty} a_\nu \varrho^\nu$ konstruierbar. Bei Beachtung der Eigenschaft dieser Reihe,

$$\lim_{\nu \to \infty} \frac{a_{\nu+1}}{a_\nu} = \lim_{\nu \to \infty} \frac{1}{\nu},$$

bemerkt man, daß die so erhaltene unendliche Reihe w sich für große ϱ wie $e^{+\varrho}$ verhält. Dann wird jedoch unsere radiale Lösungsfunktion $R(\varrho)$ für große ϱ wie $e^{+\frac{\varrho}{2}}$ unendlich werden, also für unsere Zwecke unbrauchbar sein. Die Reihe w ist deshalb nur dann eine *physikalisch vernünftige* Lösung, wenn sie abbricht, d. h. sich auf ein Polynom reduziert. w bricht ab, wenn etwa $a_{\nu+1}$ verschwindet; dies aber tritt ein, falls

$$\nu + l + 1 = Br_0$$

erfüllt wird. Man sieht sofort, daß dies eine Bedingung an die Energie bedeutet, und zwar muß gelten

$$E = - \frac{mZ^2 e^4}{2\hbar^2 (\nu + l + 1)^2} \qquad (\nu = 0, 1, 2, \ldots). \qquad (12.1)$$

Dies ist (im Falle $Z = 1$) die berühmte, experimentell bestätigte *Bohrsche Formel* für die Energieniveaus des Wasserstoffatoms. Dort war $\nu + l + 1 = n$ gesetzt und n als Hauptquantenzahl bezeichnet worden. n darf die Werte $l+1$, $l+2$, $l+3$, ... annehmen. Man könnte natürlich neben l und m auch ν statt n als dritte Quantenzahl beibehalten, n ist aber wegen seiner einfachen Beziehung zur Energie vorzuziehen. Aus dem gleichen Grunde hat es sich auch eingebürgert, nicht n von $l+1$ über $l+2$, $l+3$,... laufen zu lassen, sondern n als primäre Quantenzahl anzusehen und unabhängig von l die Werte $1, 2, 3, 4, \ldots$ durchlaufen zu lassen. Dann muß aber l beschränkt werden, und zwar darf l dann nur die Werte $l = 0, 1, 2, \ldots, n-1$ annehmen. Zu einem durch ein beliebiges n festgelegten Energieniveau gehören demnach genau

$$\sum_{l=0}^{n-1} (2l + 1) = n^2$$

verschiedene Eigenfunktionen; jedes Energieniveau im Coulomb-Potential ist $(n^2 - 1)$-fach entartet. Nicht entartet ist also lediglich das Niveau $n = 1$; zu ihm gehören eindeutig $v = 0, l = 0, m = 0$. Dies ist natürlich gleichzeitig der *Grundzustand* dieses Systems. Der eben berechnete Entartungsgrad der Zustände des Coulomb-Potentials ist in der Theorie des Periodensystems der Elemente von entscheidender Bedeutung (s. § 18). — Die vorhin erhaltenen Polynome in ϱ nennt man übrigens *zugeordnete Laguerresche Polynome*.

§ 13. Eine vorläufige Strahlungstheorie. Auswahlregeln

Es ließe sich noch eine große Zahl von Beispielen dafür anführen, daß die Wellenmechanik völlig zwangsläufig zu den empirischen Energieniveau-Schemata führt. Die recht unverständlichen Quantenbedingungen der älteren Quantentheorie sind damit als Folge der Dualität der Materie verständlich. Wir verzichten hier jedoch aus Raumgründen auf die Darstellung weiterer Beispiele für die Berechnung stationärer Niveaus (hierzu vgl. etwa [15], [16]) und wollen statt dessen lieber andeuten, wie die beiden anderen, recht mysteriösen Postulate der älteren Quantentheorie über die Emission (und Absorption) elektromagnetischer Strahlung wellenmechanisch verständlich werden. Dort war ja gefordert worden, daß in stationären Zuständen keine Emission von Strahlung stattfindet; Emission bzw. Absorption sollte lediglich auftreten, wenn das System von einem stationären Niveau E_1 zu einem anderen E_2 springt. Die Frequenz v der Strahlung würde dann durch die *Bohrsche Frequenzbedingung*

$$v = \frac{E_2 - E_1}{h}$$

gegeben sein. Für die Bewegung eines atomaren Teilchens sollten also die klassischen Bewegungsgesetze nicht gelten, nach denen ja die Frequenzen v durch die Bewegungsfrequenz des Systems und deren Oberfrequenzen bestimmt wären. Genauer lautet das klassische Emissions- und Absorptionsgesetz bekanntlich folgendermaßen: Entwickle den Ortsvektor $\mathbf{r}(t)$ in eine Fourier-Reihe; die in dieser Reihe auftretenden Frequenzen sind die Emissions- und Absorptionsfrequenzen. Dabei sind die Quadrate der Amplituden der verschiedenen Fourier-Glieder proportional zur Intensität der betreffenden Strahlungsfrequenz.

Wir zeigen jetzt folgendes: Wendet man die eben beschriebenen klassischen Gesetze auf den wellenmechanischen Erwartungswert $\bar{\mathfrak{r}}(t) = \int \psi^*(\mathfrak{r}, t) \cdot \mathfrak{r} \cdot \psi(\mathfrak{r}, t) \, d^3\mathfrak{r}$ des Ortsvektors an, so erhält man genau die Bohrschen Postulate, die diesen Gegenstand betreffen. Dies ist im Grunde nur eine geringe Verallgemeinerung des Ehrenfestschen Theorems, wonach für die Erwartungswerte die Gesetze der klassischen Mechanik gültig sind.

Zunächst ist klar, daß in einem stationären Zustand

$$\psi(\mathfrak{r}, t) = \varphi(\mathfrak{r}) \, e^{-\frac{i}{\hbar} E t}$$

der Mittelwert

$$\bar{\mathfrak{r}} = \int \varphi^*(\mathfrak{r}) \, \varphi(\mathfrak{r}) \cdot \mathfrak{r} \cdot d^3\mathfrak{r}$$

stets *zeitunabhängig* wird; es tritt keine Frequenz, also auch keine Absorption oder Emission auf. (Freilich wird hier nicht verständlich, weshalb das System aus höheren Zuständen stets spontan in tiefere überzugehen sucht; vgl. hierzu Teil II.) — Den Übergang eines Systems vom Niveau E_1 zu einem anderen E_2 hat man natürlich mittels einer ψ-Funktion vom Typ

$$\psi(\mathfrak{r}, t) = c_1 \varphi_1(\mathfrak{r}) \, e^{-\frac{i}{\hbar} E_1 t} + c_2 \varphi_2(\mathfrak{r}) \, e^{-\frac{i}{\hbar} E_2 t}$$

zu beschreiben. $c_1^* c_1$ und $c_2^* c_2$ geben hier, wie früher auseinandergesetzt, die Wahrscheinlichkeiten dafür, das System im Zustand E_1 oder E_2 anzutreffen. Diese Größen müßten demnach geeignet von der Zeit abhängen, um den Übergang zum Ausdruck zu bringen. Es genügt aber für unsere Zwecke anzunehmen, daß diese Zeitabhängigkeit wesentlich schwächer ist als die der Exponentialfunktionen, so daß wir sie gänzlich vernachlässigen können. — Für $\bar{\mathfrak{r}}$ erhält man mit obiger ψ-Funktion

$$\bar{\mathfrak{r}} = c_1^* c_1 \int \varphi_1^* \varphi_1 \cdot \mathfrak{r} \cdot d^3\mathfrak{r} + c_2^* c_2 \int \varphi_2^* \varphi_2 \cdot \mathfrak{r} \cdot d^3\mathfrak{r}$$

$$+ c_1^* c_2 \int \varphi_1^* \varphi_2 \cdot \mathfrak{r} \cdot d^3\mathfrak{r} \, e^{-\frac{i}{\hbar}(E_2 - E_1) t} + c_2^* c_1 \int \varphi_2^* \varphi_1 \cdot \mathfrak{r} \cdot d^3\mathfrak{r} \, e^{\frac{i}{\hbar}(E_2 - E_1) t}$$

Hier sind die beiden ersten Glieder zeitunabhängig $= \vec{C}$; die beiden letzten fassen wir zusammen mittels

$$\vec{\Gamma} = c_1{}^* c_2 \int \varphi_1{}^* \varphi_2 \cdot \mathfrak{r} \cdot d^3\mathfrak{r} = \vec{\varrho}\, e^{-i\alpha}, \quad \omega = \frac{E_2 - E_1}{\hbar}$$

und erhalten

$$\mathfrak{r} = \vec{C} + \vec{\Gamma} e^{-i\omega t} + \vec{\Gamma}{}^* e^{i\omega t} = \vec{C} + 2\vec{\varrho}\, \cos(\omega t + \alpha).$$

Man sieht: Es tritt tatsächlich genau die Bohrsche Frequenz $\nu = \dfrac{\omega}{2\pi}$ auf, wie oben behauptet wurde. Darüber hinaus kann man an vielen Beispielen zeigen, daß auch das Quadrat der hier auftretenden Größe $\vec{\varrho}$ (genauer das Quadrat von $\int \varphi_1{}^*(\mathfrak{r})\, \varphi_2(\mathfrak{r}) \cdot \mathfrak{r} \cdot d^3\mathfrak{r}$) proportional zur Intensität der betreffenden Linie ist. Falls insbesondere $\vec{\varrho} = 0$ für ein spezielles Paar φ_1, φ_2 sein sollte, dann tritt die zum Übergang zwischen diesen Zuständen gehörige Linie nicht auf, es handelt sich um einen „*verbotenen*" *Übergang*. Man gelangt auf diese Weise zu *Auswahlregeln*, wofür wir zwei Beispiele anführen möchten.

Zuerst denken wir an die Energie-Eigenfunktionen der eindimensionalen Schrödinger-Gleichung für eine potentielle Energie U, die *symmetrisch* in x ist:

$$U(x) = U(-x).$$

Für ein solches Potential läßt sich ganz allgemein zeigen, daß die Lösungen der Schrödinger-Gleichung in zwei Gruppen (g und u) eingeteilt werden können. Charakteristisch für die Mitglieder der einen Gruppe ist die Symmetrieeigenschaft $\varphi_g(x) = \varphi_g(-x)$; diese Funktionen nennt man *gerade Lösungen*. Die Mitglieder der anderen Gruppe genügen der Gleichung $\varphi_u(x) = -\varphi_u(-x)$; sie heißen *ungerade Lösungen*. — Aus diesen Symmetrieeigenschaften folgt aber sofort, daß auf jeden Fall die Integrale

$$\int \varphi_{g,1}{}^* \varphi_{g,2} \cdot x\, dx \text{ und } \int \varphi_{u,1}{}^* \varphi_{u,2} \cdot x\, dx$$

Null sein müssen, während bezüglich der Integrale

$$\int \varphi_{u,1}{}^* \varphi_{g,2} \cdot x\, dx$$

ein solcher Schluß im allgemeinen nicht möglich ist. Es sind also optische Übergänge zwischen Termen *derselben* Termgruppe *verboten* und nur solche im allgemeinen erlaubt, die von einem g- zu einem u-Zustand oder umgekehrt führen. — In speziellen Fällen können aber auch diese Übergangsmöglichkeiten noch wesentlich eingeschränkt werden. Für den harmonischen Oszillator z. B. schließt man aus dessen Eigenfunktionen (vgl. Kapitel B), daß nur Übergänge zwischen *nächstbenachbarten* Energieniveaus erlaubt sind; die Quantenzahl n darf sich dort nur um ± 1 ändern.

Als zweites Beispiel wählen wir das *kugelsymmetrische Potential.* Auch aus dieser Symmetrie folgen wichtige Auswahlregeln. Die Eigenfunktionen der zeitunabhängigen Schrödinger-Gleichung konnten wir in der Form $R_{n,l}(r) \cdot Y_l^m(\vartheta, \varphi)$ schreiben. In Kugelkoordinaten haben also die Übergangselemente die Form

$$\int\limits_0^\infty R_{n_1, l_1}^*(r)\, R_{n_2, l_2}(r)\, r^3\, dr$$

$$\int\limits_0^{2\pi}\int\limits_0^\pi Y_{l_1}^{m_1 *}(\vartheta, \varphi) \begin{pmatrix} \sin\vartheta \cdot \cos\varphi \\ \sin\vartheta \cdot \sin\varphi \\ \cos\vartheta \end{pmatrix} Y_{l_2}^{m_2}(\vartheta, \varphi)\, d\varphi \cdot \sin\vartheta\, d\vartheta .$$

wobei die Spalte im zweiten Faktor die Winkelabhängigkeit der kartesischen Komponenten des Ortsvektors zum Ausdruck bringt. Der von $R(r)$ abhängige Faktor interessiert uns hier nicht, da wir nur die Kugelsymmetrie des Potentials benutzen wollen. Wir fragen also: Wann wird der von den Y abhängige Faktor im Übergangselement Null? Bei Beantwortung dieser Frage müssen wir natürlich die spezielle Form der Kugelflächenfunktionen,

$$Y_l^m = e^{im\varphi}\, P_l^m(\cos\vartheta),$$

benutzen. Zunächst sieht man, daß das Doppelintegral in zwei Faktoren zerfällt, und zwar in das Integral über φ,

$$J_\varphi = \int\limits_0^{2\pi} e^{i(m_2 - m_1)\varphi} \begin{pmatrix} \cos\varphi \\ \sin\varphi \\ 1 \end{pmatrix} d\varphi,$$

und in das Integral über ϑ,

$$J_\vartheta = \int\limits_0^\pi P_{l_1}^{m_1}(\cos\vartheta)\, P_{l_2}^{m_2}(\cos\vartheta) \begin{pmatrix} \sin\vartheta \\ \sin\vartheta \\ \cos\vartheta \end{pmatrix} \sin\vartheta\, d\vartheta .$$

Schreibt man in J_φ statt $\cos\varphi$ und $\sin\varphi$ die komplexen Exponentialfunktionen, so sieht man sofort, daß die x- und die y-Komponente von J_φ nur dann nicht Null sind, wenn $m_2 - m_1 = \pm 1$ gilt;

die z-Komponente von J_φ aber ist nur für $m_2 - m_1 = 0$ von Null verschieden. Weiter auszuwerten sind demnach die Integrale

$$J_{\vartheta,z} = \int\limits_0^\pi P_{l_1}^m (\cos \vartheta)\, P_{l_2}^m (\cos \vartheta)\, \cos \vartheta \sin \vartheta \; d\vartheta$$

sowie

$$J_{\vartheta,x} = J_{\vartheta,y} = \int\limits_0^\pi P_{l_1}^{m\pm1} (\cos \vartheta)\, P_{l_2}^m (\cos \vartheta)\, \sin^2 \vartheta \; d\vartheta.$$

Die genauere Diskussion auf der Grundlage der Eigenschaften der Kugelfunktionen P_l^m, auf die wir hier verzichten, ergibt: Sämtliche Komponenten von J_ϑ sind nur dann nicht Null, wenn $l_1 - l_2 = \pm 1$ ist. Im kugelsymmetrischen Potential befolgen deshalb die optischen Übergänge die Auswahlregeln

$$\Delta m = m_1 - m_2 = 0 \quad \text{oder} \; = \pm 1, \quad \Delta l = l_1 - l_2 = \pm 1 \,. \tag{13.1}$$

Es ist offensichtlich, daß solche Auswahlregeln sehr wesentlich für die Herleitung des Emissions- und Absorptionsspektrums eines Systems aus dem Energieniveauschema sind; sie schränken ja im allgemeinen die Zahl der möglichen Übergänge sehr stark ein. Angesichts dieser großen Bedeutung der Auswahlregeln ist ihre oben gegebene Begründung natürlich recht mangelhaft. Eine strengere Theorie der Emission und Absorption läßt sich auf dem Boden der Wellenmechanik durchaus entwickeln; aus Raumgründen kann sie leider hier nicht dargestellt werden. (Genaueres s. [15].) Es sei nur erwähnt, daß sie für Dipolstrahlung zu genau den gleichen Regeln führt, die wir oben herleiteten. Für die Strahlung von Quadrupolen und Polen höherer Ordnung gelten allerdings i. allg. andere Auswahlregeln; dadurch wird das gelegentliche Auftreten sog. *verbotener Linien* geringer Intensität verständlich. Diese Übergänge sind nämlich nur für Dipolstrahlung verboten, nicht für Quadrupolstrahlung. Die Intensität der letzteren aber ist bei atomaren Elektronenbewegungen praktisch wesentlich geringer als die der ersteren.
Abschließend sei noch auf einen oben bereits angedeuteten ernsten Mangel dieser wellenmechanischen Theorie der Emission und Absorption hingewiesen: Die Theorie liefert kein Verständnis für den Vorgang der *spontanen Emission*. Nach dieser Theorie geht ein atomares, angeregtes System nicht spontan in den Grundzustand unter Emission entsprechender Strahlung über,

sondern es verbleibt in seinem stationären Zustand, bis es durch eine von außen kommende Strahlung passender Frequenz zu einer *induzierten Emission* veranlaßt wird. Fehlt die induzierende Strahlung, so findet keinerlei Emission statt. Wir werden eine Theorie der spontanen Emission im Teil II geben.

§ 14. Einiges über Matrizenmechanik

Am Anfang dieses Kapitels war mitgeteilt worden, daß die Wellenmechanik mathematisch einer Matrizenmechanik äquivalent ist. Wir wollen diese von *Heisenberg* u. a. entwickelte *Matrizenmechanik* hier nicht in voller Allgemeinheit herleiten, sondern uns nur an einem speziellen Beispiel davon überzeugen, daß die wellenmechanischen Gesetze sich in eine Matrizensprache übersetzen lassen. Wir wählen hierfür die Gleichung für die Eigenwerte g und die Eigenfunktionen ψ einer beliebigen physikalischen Größe G (s. (10.9)):

$$G\psi = g\psi. \tag{14.1}$$

Dieses *analytische* Eigenwertproblem läßt sich auf ein *algebraisches* Problem zurückführen. Man entwickle hierzu ψ nach irgendeinem geeigneten vollständigen Orthogonalsystem φ_ν:

$$\psi = \sum_{\nu=0}^{\infty} c_\nu\, \varphi_\nu;$$

obige Gleichung (14.1) lautet dann:

$$\sum_\nu c_\nu\, G\varphi_\nu = g\sum_\nu c_\nu \varphi_\nu.$$

Multipliziert man diese Beziehung von links mit dem konjugiert komplexen einer der Funktionen des Orthogonalsystems, etwa mit φ_μ^*, und integriert über den Ortsraum, so entsteht wegen $\int \varphi_\mu^* \varphi_\nu\, d\tau = \delta_{\mu\nu}$ die Gleichung

$$\sum_\nu c_\nu \int \varphi_\mu^* G\varphi_\nu\, d\tau = g c_\mu. \tag{14.2}$$

Die hier auftretenden Integrale kürzen wir in Zukunft ab:

$$\int \varphi_\mu^* G\varphi_\nu\, d\tau \equiv (\varphi_\mu, G\varphi_\nu) \equiv G_{\mu\nu}. \tag{14.3}$$

Gleichung (14.2), für alle μ aufgeschrieben, repräsentiert ein System von unendlich vielen linearen homogenen Gleichungen für die unendlich vielen Unbekannten c_ν. Dieses System ist nur dann lösbar, wenn die Koeffizientendeterminante verschwindet:

$$|\,G_{\mu\nu} - \delta_{\mu\nu}\,g\,| = 0\,. \tag{14.4}$$

Durch die letzte Gleichung (14.4) (meist *Säkulargleichung* genannt) sind i. allg. unendlich viele Eigenwerte g_n bestimmt; aus (14.2) folgen dann die zugehörigen $c_{\nu,\,n}$, d. h. die Eigenfunktionen ψ_n. Man sieht, daß die Bestimmung der Eigenfunktionen und Eigenwerte der Größe G durch (14.2) und (14.4) völlig algebraisch vor sich gehen kann; die g_n und $c_{\nu,\,n}$ sind wesentlich durch die $G_{\mu\nu}$ aus (14.3) bestimmt. Die Zahlen $G_{\mu\nu}$ scheinen also alles Wesentliche zu enthalten, was die Eigenwerte der Größe G betrifft. Formal kann die Gesamtheit der $G_{\mu\nu}$ natürlich als *Matrix* $\widehat{G} = (G_{\mu\nu})$ geschrieben werden; wir zeigen jetzt, daß diese Gesamtheit auch sämtliche Eigenschaften einer Matrix besitzt, also mit vollem Recht als Matrix angesprochen werden kann. Zu diesem Zweck müssen wir uns vor allem davon überzeugen, daß die Gesetze der Addition und Multiplikation der obigen Gesamtheiten mit den entsprechenden Regeln für Matrizen übereinstimmen. Für Matrizen gelten die folgenden Gesetze:

1. Die *Summe* $\widehat{C} = \widehat{A} + \widehat{B}$, $\widehat{C} = (C_{\mu\nu})$, zweier Matrizen $\widehat{A} = (A_{\mu\nu})$ und $\widehat{B} = (B_{\mu\nu})$ ist definiert als $C_{\mu\nu} = A_{\mu\nu} + B_{\mu\nu}$.

2. Die *Multiplikation* einer Matrix $\widehat{A} = (A_{\mu\nu})$ mit einer gewöhnlichen Zahl c, $\widehat{C} = c\,\widehat{A}$, $\widehat{C} = (C_{\mu\nu})$, ist erklärt durch $C_{\mu\nu} = c\,A_{\mu\nu}$.

3. Das *Produkt* $\widehat{C} = \widehat{A} \cdot \widehat{B}$, $\widehat{C} = (C_{\mu\nu})$, zweier Matrizen $\widehat{A} = (A_{\mu\nu})$ und $\widehat{B} = (B_{\mu\nu})$ erhält man aus der Regel $C_{\mu\nu} = \sum_\lambda A_{\mu\lambda} B_{\lambda\nu}$.

Die Gültigkeit von 1. und 2. ist offensichtlich, wenn man die Definition der $G_{\mu\nu}$ nach (14.3) beachtet. Daß zwei unserer Gesamtheiten, $\widehat{G}$ und $\widehat{F}$ etwa, auch 3. erfüllen, wird durch eine kurze Rechnung bestätigt. Wir gehen aus von den Definitionen

$$\widehat{G} = (G_{\mu\nu}) = \left(\int \varphi_\mu^* \, G\,\varphi_\nu \, d\tau\right); \quad \widehat{F} = (F_{\mu\nu}) = \left(\int \varphi_\mu^* \, F\,\varphi_\nu \, d\tau\right).$$

Nach unseren Operator-Regeln hätte man als Produkt von $\widehat{G}$ und $\widehat{F}$ aufzufassen

$$\widehat{C} = (C_{\mu\nu}) = \left(\int \varphi_\mu{}^* \, GF\varphi_\nu \, d\tau\right).$$

Die Funktion $F\varphi_\nu$ aber besitzt bekanntlich eine Entwicklung von der Form $F\varphi_\nu = \sum_\lambda F_{\lambda\nu}\varphi_\lambda$,

so daß $\qquad C_{\mu\nu} = \int \varphi_\mu{}^* \, G\sum_\lambda F_{\lambda\nu}\,\varphi_\lambda \, d\tau = \sum_\lambda G_{\mu\lambda} F_{\lambda\nu}$

in Übereinstimmung mit 3. entsteht.

Durch Bildung der Integrale (14.3) kann man also die Elemente $G_{\mu\nu}$ der Matrix $\widehat{G}$ erhalten, und diese Matrix enthält *alles*, was nötig ist, um die Eigenwerte der physikalischen Größe G zu ermitteln. Das Problem der Ermittlung der Eigenwerte einer solchen Größe kann deshalb auch in der Matrixsprache formuliert werden. Es heißt dort, daß die Eigenwerte gefunden sind, wenn es gelungen ist, die betreffende Matrix (durch „unitäre" Transformationen) auf *Diagonalform* zu *transformieren*. Dieser Transformation entspricht nämlich der Übergang zu dem System der Eigenfunktionen von G in (14.3): Haben die dortigen Funktionen φ_ν die Eigenschaft

$$G\varphi_\nu = g_\nu\varphi_\nu,$$

so lauten die Elemente von $\widehat{G}$ speziell

$$G_{\mu\nu} = g_\nu\delta_{\mu\nu};$$

$\widehat{G}$ ist also eine Diagonalmatrix geworden, deren Diagonalelemente gerade die Eigenwerte g_ν der Größe G sind. — Natürlich setzt die Diagonalisierung der Matrix $\widehat{G}$ voraus, daß man mindestens *eine* Darstellung dieser Matrix besitzt. Dem entspricht in der Wellenmechanik, daß man die Form des Operators G natürlich kennen muß, will man das Eigenwertproblem lösen. Die Ermittlung dieser *einen* Form der Matrix geschieht analog wie in der Wellenmechanik: Man läßt sich von den klassischen Beziehungen zwischen den verschiedenen physikalischen Größen leiten, geht von Größen mit bekannten Matrizen zu den unbekannten über.

Übrigens erhält man aus (14.3), wenn G hermitisch ist, eine Matrix, die auch in der Matrizenmathematik als hermitisch oder selbstadjungiert bezeichnet wird. Ein hermitischer Operator ist ja gekennzeichnet durch

$$\int \varphi_\mu^* \, G \, \varphi_\nu \, d\tau = \int (G \varphi_\mu)^* \varphi_\nu \, d\tau = \left[\int \varphi_\nu^* \, G \, \varphi_\mu \, d\tau \right]^*, \text{ also } G_{\mu\nu} = G_{\nu\mu}^* \, .$$

Die letzte Gleichung ist aber gerade charakteristisch für eine hermitische Matrix.

Man kann also, wie bisher am Eigenwertproblem demonstriert, jeder physikalischen Größe statt eines selbstadjungierten Operators auch eine hermitische Matrix zuordnen. Alle Probleme der Wellenmechanik lassen sich dann völlig äquivalent als Probleme einer Matrizenmechanik formulieren (Genaueres s. in [17]); letztere liefert wegen der mathematischen Äquivalenz natürlich genau die Resultate der ersteren. — Wenn heute in den meisten Arbeiten über die Quantentheorie des Einteilchenproblems der wellenmechanischen Formulierung der Vorzug gegeben wird, so liegt dies zum Teil an der vorwiegend analytischen Schulung der heutigen Physikergeneration, zum Teil aber auch daran, daß die matrizenmechanische Formulierung oft nicht so elegant und übersichtlich möglich ist wie die andere. Man hat es ja meist mit *unendlichen*, gelegentlich auch mit *kontinuierlichen* Matrizen zu tun, deren Handhabung an sich nicht sehr angenehm ist. Dagegen gibt es durchaus Probleme, bei denen die matrizenmechanische der wellenmechanischen Methode deutlich überlegen ist, wofür wir noch Beispiele kennenlernen werden.

Um diesen Paragraphen nicht ganz abstrakt enden zu lassen, wollen wir noch die Gestalt der Matrizen herleiten, die beim *linearen harmonischen Oszillator* dem Ort q, dem Impuls p und der Hamilton-Funktion $H = \dfrac{p^2}{2M} + \dfrac{k}{2} q^2$ zugeordnet sind. Die Schrödinger-Gleichung dieses Problems haben wir schon im § 7, d) gelöst; wir schreiben sie jetzt in der Form

$$\frac{d^2 \varphi(q)}{dq^2} + \frac{2M}{\hbar^2} \left(E - \frac{k}{2} q^2 \right) \varphi(q) = 0 \, .$$

Die Eigenwerte und normierten Eigenfunktionen sind

$$E_n = \hbar \omega \left(n + \frac{1}{2} \right), \quad \varphi_n(\zeta) = \left(\frac{\sqrt{\dfrac{\beta}{\pi}}}{2^n n!} \right)^{\frac{1}{2}} e^{-\frac{1}{2} \zeta^2} H_n(\zeta) \quad (n = 0, 1, 2, 3, \ldots)$$

mit
$$\zeta = \sqrt{\beta} \, q, \quad \beta = \frac{\sqrt{Mk}}{\hbar}, \quad \omega = \sqrt{\frac{k}{M}} \, ,$$

wobei sich die Normierungskonstante auf die q-Integration bezieht;

$H_n(\zeta)$ sind die Hermiteschen Polynome. Letztere haben z. B. die Eigenschaften

$$\zeta H_n(\zeta) = n H_{n-1}(\zeta) + \frac{1}{2} H_{n+1}(\zeta)$$

und

$$\frac{d H_n(\zeta)}{d\zeta} = 2 n H_{n-1}(\zeta).$$

Mit diesen Formeln kann man unter Beachtung der Orthogonalität der $\varphi_n(q)$ sofort die Matrixelemente

$$q_{n,m} = \int_{-\infty}^{+\infty} \varphi_n{}^*(q)\, q\, \varphi_m(q)\, dq \;=\; (2\beta)^{-\frac{1}{2}} \cdot \begin{cases} (n+1)^{\frac{1}{2}} & \text{für } m=n+1 \\ n^{\frac{1}{2}} & \text{für } m=n-1 \\ 0 & \text{für } m \neq n \pm 1 \end{cases}$$

sowie

$$p_{n,m} = \int_{-\infty}^{+\infty} \varphi_n{}^*(q)\, \frac{\hbar}{i} \frac{\partial}{\partial q}\, \varphi_m(q)\, dq = \left(\frac{\hbar \omega M}{2}\right)^{\frac{1}{2}} \cdot \begin{cases} -i\,(n+1)^{\frac{1}{2}} & \text{für } m=n+1 \\ +i\, n^{\frac{1}{2}} & \text{für } m=n-1 \\ 0 & \text{für } m \neq n \pm 1 \end{cases}$$

berechnen. Der Übergang zur Hamilton-Matrix $\widehat{H}$ ist am einfachsten, wenn man zuvor $\widehat{p}, \widehat{q}$ durch zwei andere Variable $\widehat{a}, \widehat{a}^*$ ersetzt gemäß

$$\widehat{a} = \frac{1}{\sqrt{2\omega}}\left(\omega \sqrt{\frac{M}{\hbar}}\, \widehat{q} + i\, \frac{\widehat{p}}{\sqrt{M\hbar}}\right), \quad \widehat{a}^* = \frac{1}{\sqrt{2\omega}}\left(\omega \sqrt{\frac{M}{\hbar}}\, \widehat{q} - i\, \frac{\widehat{p}}{\sqrt{M\hbar}}\right).$$

Dann geht nämlich

$$\widehat{H} = \frac{\widehat{p}^2}{2M} + \frac{k}{2}\, \widehat{q}^2$$

über in

$$\widehat{H} = \frac{\hbar \omega}{2}\left(\widehat{a}\,\widehat{a}^* + \widehat{a}^*\,\widehat{a}\right),$$

und $\widehat{a}, \widehat{a}^*$ sind sehr einfach gebaut: Nur die Elemente

$$a_{n,n+1} = a^*{}_{n+1,n} = (n+1)^{\frac{1}{2}}$$

bleiben von Null verschieden. Jetzt übersieht man aber sofort, daß $\widehat{a}\,\widehat{a}^*$ und $\widehat{a}^*\,\widehat{a}$ zwei Diagonalmatrizen sind mit den Diagonalelementen

$$(a\,a^*)_{n,n} = n+1, \quad (a^*a)_{n,n} = n.$$

Insgesamt ist also auch $\widehat{H}$ diagonal mit den Elementen

$$H_{n,n} = \hbar\,\omega\,(n + \tfrac{1}{2}).$$

Damit haben wir genau obige Energie-Eigenwerte erhalten, wie es sein muß. Wir bemerken noch, daß die beiden Matrizen $\widehat{a}$, $\widehat{a}^*$ offensichtlich die *Vertauschungsrelation*[1])

$$\widehat{a}^*\,\widehat{a} - \widehat{a}\,\widehat{a}^* = -\widehat{\delta}$$

erfüllen; die entsprechende Größe für $\widehat{p}$, $\widehat{q}$ ist

$$\widehat{p}\,\widehat{q} - \widehat{q}\,\widehat{p} = \frac{\hbar}{i}\,\widehat{\delta}.$$

Mit der Bedeutung solcher Vertauschungsregeln werden wir uns in den folgenden Paragraphen auseinandersetzen. Matrizen der Gestalt $\widehat{a}$, $\widehat{a}^*$ werden wir später (Teil II) mehrfach benötigen.

§ 15. Die Vertauschungsregeln

Auf jeden Fall muß festgehalten werden, daß unsere frühere Formulierung der Gesetze der Quantentheorie, bei der jeder physikalischen Größe ein *Differentialoperator* zugeordnet wurde, nicht die einzig mögliche ist. Man kann mit demselben Recht und Erfolg jeder physikalischen Größe eine *Matrix* zuordnen, und sowohl bei den Differentialoperatoren als auch bei den Matrizen hat man noch eine große Auswahl, welche „Darstellung" man wählen will. Bei der Suche nach einer möglichst tragfähigen, verallgemeinerungsfähigen Formulierung der Gesetze der bisher von uns dargestellten Quantenmechanik wird man daher von den Worten Differentialoperator und Matrix besser absehen, da sie offenbar das Wesentliche nicht treffen. Wesentlich scheint aber zu sein, daß die Quantenmechanik anstatt der klassischen physikalischen Größen Gebilde einführt, die i. allg. nicht mehr das kommutative Gesetz der Multiplikation befolgen; dies ist ja die gemeinsame wesentliche Eigenschaft von Operatoren und Matrizen. Die *Vertauschungsregeln*, d. h. die Regeln, nach denen die Reihenfolge irgend zweier Faktoren eines Produktes solcher Gebilde vertauscht werden kann, gewinnen dadurch erhöhtes Interesse. Tatsächlich stellt sich bei genauerer Analyse heraus, daß diese Vertauschungsregeln als das *Kernstück*

---

1) $\widehat{\delta}$ ist die Einheitsmatrix!

der gesamten Quantenmechanik angesehen werden können. Aus ihnen allein folgen die wesentlichen Eigenschaften dieser Theorie.

Um diese Behauptung wenigstens etwas plausibel zu machen, wollen wir zeigen, daß die Kenntnis der Vertauschungsregeln die Antwort auf zwei sehr allgemeine Fragen enthält:

1. Unter welchen Bedingungen kann der Zustand eines quantenmechanischen Systems *gleichzeitig* Eigenzustand irgend zweier physikalischer Größen sein?

2. Wann ist der Erwartungswert einer physikalischen Größe *zeitlich konstant* (d. h. wann gilt für diese Größe ein Erhaltungssatz)?

Zu 1: Wir arbeiten wellenmechanisch. Die beiden physikalischen Größen seien F und G. Dann müßte, falls ψ eine gemeinsame Eigenfunktion ist, $\boldsymbol{F}\psi = f\psi$, sowie $\boldsymbol{G}\psi = g\psi$ gelten. Hieraus folgt

$$\boldsymbol{F}\boldsymbol{G}\psi = \boldsymbol{F}g\psi = fg\psi = f\boldsymbol{G}\psi = \boldsymbol{G}\boldsymbol{F}\psi,$$

also

$$\boldsymbol{F}\boldsymbol{G} = \boldsymbol{G}\boldsymbol{F}.$$

In Worten: Falls die beiden physikalischen Größen gemeinsame Eigenfunktionen besitzen, dann sind die zugehörigen Operatoren *kommutativ*. Auch die Umkehrung gilt: Falls zwei Größen kommutative Operatoren zugeordnet sind, existieren *gemeinsame Eigenfunktionen*.

Natürlich läßt sich dieser Satz sofort auf Systeme von mehr als zwei physikalischen Größen verallgemeinern: Kommutieren die Operatoren sämtlicher Größen des Systems, so gibt es gemeinsame Eigenfunktionen bezüglich aller dieser Größen.

Dieser Satz enthält z. B. die Erklärung der früher ohne Beweis aufgestellten Behauptung, daß im Zentralkraftfeld nur $\mathfrak{L}^2$ und *eine* der Komponenten von $\mathfrak{L}$, des Drehimpuls-Operators, gemeinsame Eigenfunktionen besitzen. Man hat sich die Vertauschungsregeln für die betreffenden Operatoren herzuleiten, was mit Hilfe ihrer Definition und der Vertauschungsregeln für die kartesischen Komponenten des Ortsvektors $\mathfrak{r} = (q_1, q_2, q_3)$ und des Impulses $\mathfrak{p} = (p_1, p_2, p_3)$

$$[\boldsymbol{p}_k, \boldsymbol{q}_j] \equiv \boldsymbol{p}_k\boldsymbol{q}_j - \boldsymbol{q}_j\boldsymbol{p}_k = \frac{\hbar}{i}\,\delta_{kj} \qquad (k, j = 1, 2, 3) \tag{15.1}$$

geschehen kann. Man sieht dann, daß $\mathfrak{L}^2$ zwar mit jeder der Komponenten $\boldsymbol{L}_x, \boldsymbol{L}_y, \boldsymbol{L}_z$ kommutiert, aber diese Komponenten kommutieren nicht untereinander. Vielmehr gelten die Regeln

$$[\boldsymbol{L}_x, \boldsymbol{L}_y] = i\hbar\boldsymbol{L}_z, \quad [\boldsymbol{L}_y, \boldsymbol{L}_z] = i\hbar\boldsymbol{L}_x, \quad [\boldsymbol{L}_z, \boldsymbol{L}_x] = i\hbar\boldsymbol{L}_y. \tag{15.2}$$

Zu 2: Auch hier gehen wir wellenmechanisch vor. Der Erwartungswert ist bekanntlich einfach $\bar{G} = \int \psi^* G \psi \, d\tau$. Also gilt

$$\frac{d\bar{G}}{dt} = \int \frac{\partial \psi^*}{\partial t} \, G\psi \, d\tau + \int \psi^* G \, \frac{\partial \psi}{\partial t} \, d\tau$$

unter der Voraussetzung, daß G, also auch G, die Zeit nicht explizit enthalte. Jetzt benutzen wir die Grundgleichung der Wellenmechanik in der Form $\frac{\partial \psi}{\partial t} = -\frac{i}{\hbar} H\psi$, wie sie sich aus (10.12) ergibt.

Hiermit wird

$$\frac{d\bar{G}}{dt} = \frac{i}{\hbar} \int (H\psi)^* \, G \, \psi \, d\tau - \frac{i}{\hbar} \int \psi^* GH\psi \, d\tau$$

$$= \frac{i}{\hbar} \int \psi^* (HG - G\dot{H}) \psi \, d\tau.$$

Aus $HG = GH$ würde demnach $\frac{d\bar{G}}{dt} = 0$ folgen, falls G nicht explizit von t abhängt. Insbesondere ist z. B. $\bar{H}$ selbst zeitlich konstant, solange H nicht explizit von t abhängt.

§ 16. Allgemeine Formulierung der Quantenmechanik

Nach diesen Vorbereitungen wird es den Leser nicht allzu sehr überraschen, wenn wir jetzt die allgemeine Formulierung der Gesetze der Quantenmechanik folgendermaßen vornehmen:
Die *Quantenmechanik* ist in bezug auf diejenigen Gesetze, die die verschiedenen physikalischen Größen miteinander verknüpfen, *völlig analog der klassischen Mechanik* gebaut. Die quantisierte Form der Mechanik unterscheidet sich von der klassischen nur darin, daß die *physikalischen Größen* nicht mehr durch Zahlen bzw. Vektoren dargestellt werden, sondern durch *allgemeinere mathematische Gebilde, für die das kommutative Gesetz der Multiplikation* i. allg. nicht mehr gilt. Die Vertauschbarkeitseigenschaften dieser Gebilde sind *charakteristisch* und *bestimmend* für die Eigenschaften der Quantenmechanik. Wir können sie allgemein so fixieren (in Verallgemeinerung unserer bisherigen

Erfahrungen): Sind q_k und p_k einander *kanonisch konjugierte* Größen (im Sinne der Hamiltonschen kanonischen Formulierung der klassischen Mechanik), so gilt für die in der Quantenmechanik zugeordneten mathematischen Gebilde $\boldsymbol{q}_k$ und $\boldsymbol{p}_k$[1])

$$(\boldsymbol{p}_k \boldsymbol{q}_j - \boldsymbol{q}_j \boldsymbol{p}_k) \equiv [\boldsymbol{p}_k, \boldsymbol{q}_j] = \frac{\hbar}{i}\, \delta_{kj}. \tag{16.1}$$

Diese Festsetzung ist, wie man sieht, die direkte Verallgemeinerung von (15.1) auf beliebige, kanonisch konjugierte Größen. (16.1) hat sich ganz allgemein nicht nur in der Quantenmechanik, sondern in der gesamten Quantentheorie bewährt.[2]) Wir werden von ihr noch ausgiebig Gebrauch zu machen haben.

Zunächst deduzieren wir mit ihrer Hilfe nochmals die Grundgleichung der Wellenmechanik für *eine Partikel*, die uns ja schon gut bekannt ist, und zwar wollen wir gleich ihre zeitfreie Form herleiten. Diese ergibt sich als Eigenwertgleichung der Energie $H\varphi = E\varphi$.

In den uns interessierenden Fällen ist aber klassisch

$$H = \frac{\mathfrak{p}^2}{2\,m} + U(\mathfrak{r}),$$

also sollte auch quantentheoretisch gelten

$$\boldsymbol{H} = \frac{\mathfrak{p}^2}{2\,m} + U(\mathfrak{r}),$$

d. h.,

$$\left[\frac{\mathfrak{p}^2}{2\,m} + U(\mathfrak{r})\right] \varphi = E\varphi.$$

Die Gestalt der Operatoren $\mathfrak{p}$ und $\mathfrak{r}$ aber kann aus (16.1) entnommen werden. Setzt man z. B. $\mathfrak{r} = \mathfrak{r}$, so wird (16.1) am einfachsten mit $\mathfrak{p} = \frac{\hbar}{i}$ grad erfüllt. Ebensowohl aber könnte man willkürlich $\mathfrak{p} = \mathfrak{p}$ setzen, dann müßte $\mathfrak{r}$ als Differentialoperator aufgefaßt werden. Die erste Festsetzung $\mathfrak{r} = \mathfrak{r}$ führt zu der gewohnten Form der Wellenmechanik. Aber auch die zweite Annahme ist möglich; sie führt zu einer Form der Wellenmechanik, in der statt

---

[1]) $\boldsymbol{q}_k, \boldsymbol{p}_k$ können Operatoren oder Matrizen sein; wir werden ab jetzt in der Schreibweise keinen Unterschied mehr zwischen Operatoren und Matrizen machen.

[2]) Die Quantentheorie umfaßt, abgesehen von der Quantenmechanik, auch solche Disziplinen wie Quantenelektrodynamik, Quantenhydrodynamik, Quantentheorie der Mesonfelder u. a.

der Schrödinger-Funktion $\varphi(\mathfrak{r})$ die früher schon eingeführte Fourier-Transformierte von φ, nämlich $\chi(\mathfrak{p})$, auftritt. Mathematisch sind die beiden Formen äquivalent, und man kann (16.1) noch auf beliebig viele andere Weisen befriedigen, immer gelangt man zu anderen Formen der Theorie, die sich aber bei genauerem Zusehen als untereinander äquivalent erweisen. Der Zusammenhang zwischen den einzelnen Darstellungsformen wird von der sog. Transformationstheorie geliefert.[1]) (16.1) enthält also wohl wirklich das Wesen der Quantentheorie in abstraktester Formulierung.

Die oben absichtlich angestrebte *Verallgemeinerungsfähigkeit* der Formulierung der Quantenmechanik nützen wir nun aus, um die Grundgleichung dieser Theorie in ihrer wellenmechanischen Gestalt auf *Partikelzahlen* >1 auszudehnen. Ganz wie eben suchen wir die stationären Zustände, die durch $H\varphi = E\varphi$ charakterisiert sind. Die Hamilton-Funktion H hängt jetzt aber von den kanonischen Koordinaten aller Teilchen ab. Man kann etwa schreiben

$$H = \sum_{j=1}^{3N} \frac{p_j{}^2}{2\,\mu_j} + U\,(q_1, \ldots, q_{3N}), \qquad (16.2)$$

wobei $q_1, q_2, \ldots, q_{3N}$ die $3N$ kartesischen Ortskoordinaten und $p_1, p_2, \ldots, p_{3N}$ die zugehörigen $3N$ kartesischen Impulskoordinaten der N Partikeln sind; U soll die gesamte potentielle Energie des Systems und μ_j die Masse der j-ten Partikel bedeuten.[2]) Beim Übergang zur Wellenmechanik kann man die Vertauschungsregeln (16.1) z. B. erfüllen, indem man setzt

$$q_j = q_j, \quad p_j = \frac{\hbar}{i}\,\frac{\partial}{\partial q_j}\,.$$

Die Schrödinger-Gleichung dieses Vielteilchenproblems lautet demgemäß

$$H\varphi = \left[-\sum_{j=1}^{3N} \frac{\hbar^2}{2\,\mu_j}\,\frac{\partial^2}{\partial q_j{}^2} + U\,(q_1, \ldots, q_{3N}) \right] \varphi = E\varphi\,. \qquad (16.3)$$

Die zeitabhängige Gleichung würde entsprechend lauten:

$$i\hbar\,\frac{\partial \psi}{\partial t} = H\psi\,. \qquad (16.4)$$

---

1) Man beachte in diesem Zusammenhang auch die Bemerkungen über „Heisenberg-Bild", „Schrödinger-Bild" usw. im Teil II, § 5.
2) Innere und äußere Kräfte mögen also ein Potential und jedes Teilchen 3 Freiheitsgrade besitzen; von den μ_j sind immer mindestens drei einander gleich.

(16.3) bzw. (16.4) sind als Grundgleichungen sehr vieler Untersuchungen über Mehrteilchenprobleme verwendet worden und haben sich weitgehend bewährt. Von einer vollständigen Bewährung dieser Gleichungen zu sprechen, ist deshalb nicht möglich, weil man sie in den meisten Fällen nur näherungsweise lösen kann.

§ 17. Zwei Anwendungen: Atome mit 2 Valenzelektronen; das Wasserstoffmolekül

Aus Raummangel geben wir nur zwei Beispiele für die Leistungsfähigkeit von (16.3).

Wir betrachten zunächst die *Bewegung zweier identischer Partikeln* (etwa Elektronen) in einem gemeinsamen Kraftfeld (etwa dem Felde eines Atomkerns oder Atomrumpfes). Zwischen den beiden Partikeln darf eine beliebige ortsabhängige Kraft wirken. (16.3) lautet dann speziell

$$-\frac{\hbar^2}{2m}\left(\Delta_{\mathfrak{r}_1} + \Delta_{\mathfrak{r}_2}\right)\varphi(\mathfrak{r}_1, \mathfrak{r}_2) + \left[U(\mathfrak{r}_1, \mathfrak{r}_2) - E\right]\varphi(\mathfrak{r}_1, \mathfrak{r}_2) = 0. \quad (17.1)$$

Hier bedeuten $\mathfrak{r}_1, \mathfrak{r}_2$ die Ortskoordinaten der beiden Partikeln, U die gesamte potentielle Energie, die vom gemeinsamen Kraftfeld und der Wechselwirkung der Teilchen untereinander herrührt. Da es sich um identische Partikel handelt, muß notwendig gelten

$$U(\mathfrak{r}_1, \mathfrak{r}_2) = U(\mathfrak{r}_2, \mathfrak{r}_1).$$

Aus dieser Symmetrie folgt aber, ähnlich wie oben beim symmetrischen eindimensionalen Potential, daß die Eigenfunktionen obiger Gleichung in zwei Gruppen zerfallen, die durch die Symmetrieeigenschaften

$$\varphi_\mathrm{s}(\mathfrak{r}_1, \mathfrak{r}_2) = +\varphi_\mathrm{s}(\mathfrak{r}_2, \mathfrak{r}_1) \quad \text{bzw.} \quad \varphi_\mathrm{as}(\mathfrak{r}_1, \mathfrak{r}_2) = -\varphi_\mathrm{as}(\mathfrak{r}_2, \mathfrak{r}_1)$$

charakterisiert sind. So entstehen zwei Gruppen von Eigenfunktionen und Energietermen; man spricht von *zwei Termsystemen*, einem *symmetrischen* (φ_s) und einem *antisymmetrischen* (φ_as).

Auf Grund der im Anhang b) betrachteten Störungstheorie lassen sich für ein Zwei-Elektronen-Atom folgende genaueren Aussagen gewinnen: Der Hamilton-Operator hat die Gestalt

$$\boldsymbol{H} = \boldsymbol{H_0} + \boldsymbol{H'}$$

mit $H_0 = H_0(1) + H_0(2)$, $H_0(i) = -\dfrac{\hbar^2}{2\,m}\,\Delta_i + U(r_i)$, $i = 1, 2$,

und $\qquad\qquad H' = \dfrac{e^2}{r_{12}}$, $r_{12} = |\mathfrak{r}_1 - \mathfrak{r}_2|$.

(Der im Anhang eingeführte Parameter g ist hier gleich 1 zu setzen. Es gilt daher $H' = h'$.)

Die Schrödinger-Gleichung nullter Näherung ist separierbar, und die zum Energiewert E_{0m} gehörige Wellenfunktion kann zunächst

$$\varphi_{0m1}(\mathfrak{r}_1, \mathfrak{r}_2) = \chi_{0k}(1)\,\chi_{0l}(2)$$

geschrieben werden, wobei $\chi_{0k}(1)$ Eigenfunktion von $H_0(1)$ zum Eigenwert E_{0k} und entsprechend $\chi_{0l}(2)$ Eigenfunktion von $H_0(2)$ zum Eigenwert E_{0l} sind. E_{0m} ist daher gleich $E_{0k} + E_{0l}$. Zum selben Eigenwert gehört aber auch die Wellenfunktion

$$\varphi_{0m2}(\mathfrak{r}_1, \mathfrak{r}_2) = \chi_{0l}(1)\,\chi_{0k}(2),$$

so daß also ein Entartungsfall vorliegt (Austauschentartung). Der Linearkombinationsansatz

$$\varphi_0(\mathfrak{r}_1, \mathfrak{r}_2) = \alpha_1\,\varphi_{0m1}(\mathfrak{r}_1, \mathfrak{r}_2) + \alpha_2\,\varphi_{0m2}(\mathfrak{r}_1, \mathfrak{r}_2)$$

führt nun nach der Störungstheorie auf die „Säkulargleichung" (vgl. A. 16)

$$\begin{vmatrix} C - E_{1m} & A \\ A & C - E_{1m} \end{vmatrix} = 0,$$

wobei

$$C = \int \varphi_{0m\mu}(\mathfrak{r}_1, \mathfrak{r}_2)^* \,\frac{e^2}{r_{12}}\, \varphi_{0m\mu}(\mathfrak{r}_1, \mathfrak{r}_2)\, d^3\mathfrak{r}_1\, d^3\mathfrak{r}_2 \quad (\mu = 1, 2)$$

Coulomb-Integral und

$$A = \int \varphi_{0m\mu}(\mathfrak{r}_1, \mathfrak{r}_2)^* \,\frac{e^2}{r_{12}}\, \varphi_{0m\nu}(\mathfrak{r}_1, \mathfrak{r}_2)\, d^3\mathfrak{r}_1\, d^3\mathfrak{r}_2 \quad (\mu \neq \nu = 1, 2)$$

Austausch-Integral genannt werden.

Als Lösung der Säkulargleichung erhält man die Störungsenergiewerte

$$E_{1m}^{+,-} = C \pm A.$$

Zur Energie $E_m^+ = E_{0m} + C + A$ gehört dann die normierte Wellenfunktion

$$\varphi_\mathrm{s}(\mathfrak{r}_1, \mathfrak{r}_2) = \frac{1}{\sqrt{2}}\,[\varphi_{0m1}(\mathfrak{r}_1, \mathfrak{r}_2) + \varphi_{0m2}(\mathfrak{r}_1, \mathfrak{r}_2)],$$

und zu $E_m^- = E_{0m} + C - A$ gehört

$$\varphi_\mathrm{as}(\mathfrak{r}_1, \mathfrak{r}_2) = \frac{1}{\sqrt{2}}\,[\varphi_{0m1}(\mathfrak{r}_1, \mathfrak{r}_2) - \varphi_{0m2}(\mathfrak{r}_1, \mathfrak{r}_2)].$$

8*

Man kann zeigen, daß $C, A > 0$ sind. Daher liegen die antisymmetrischen Zustände φ_{as} energetisch etwas tiefer als die entsprechenden symmetrischen Zustände φ_s.

Wenn $\chi_{0k}(1)$ und $\chi_{0l}(2)$ beide den tiefsten Ein-Elektron-Zustand (bei Vernachlässigung der Wechselwirkung $\dfrac{e^2}{r_{12}}$) angeben, dann ist $\varphi_{as}(\mathfrak{r}_1, \mathfrak{r}_2) \equiv 0$.

Der unterste Zustand des Zwei-Elektronen-Atoms ist also ein φ_s-Zustand, und er tritt nur einzeln auf.

Die beiden Termsysteme erhalten ihre besondere Bedeutung durch die Tatsache, daß *optische Übergänge* zwischen ihnen durch eine Auswahlregel, die für Dipole und Multipole beliebig hoher Ordnung gilt, *verboten* sind. Da z. B. das Dipolmoment der beiden Partikeln proportional zu $\mathfrak{r}_1 + \mathfrak{r}_2$ ist, ist das zur Dipolstrahlung gehörige Übergangselement in natürlicher Verallgemeinerung früherer Formeln

$$\iint \varphi_\alpha{}^* (\mathfrak{r}_1, \mathfrak{r}_2) \, (\mathfrak{r}_1 + \mathfrak{r}_2) \, \varphi_\beta (\mathfrak{r}_1, \mathfrak{r}_2) \, d^3\mathfrak{r}_1 d^3\mathfrak{r}_2 .$$

Dieses Integral aber ist aus Symmetriegründen nur dann von Null verschieden, wenn φ_α und φ_β gleiches Verhalten gegenüber Vertauschung von $\mathfrak{r}_1$ und $\mathfrak{r}_2$ zeigen, wenn sie also dem gleichen Termsystem angehören. Die zu Strahlungen höherer Multipole gehörigen Übergangselemente unterscheiden sich von obigem Dipol-Element nur dadurch, daß sie statt $\mathfrak{r}_1 + \mathfrak{r}_2$ eine andere in $\mathfrak{r}_1, \mathfrak{r}_2$ symmetrische Funktion stehen haben. Dann gilt also genau das gleiche Gesetz: *Es gibt optische Übergänge nur zwischen den Termen des symmetrischen oder des antisymmetrischen Systems.* Das ist aber gerade der empirische Tatbestand: Beim He und ähnlichen Atomen (d. h. solchen mit 2 Valenzelektronen) hat man diese beiden getrennten Termsysteme spektroskopisch erschlossen, ohne vor der wellenmechanischen Analyse des Problems ihren Ursprung verstehen zu können. Man glaubte früher, es gäbe zwei verschiedene He-Atomarten, *Par-* und *Orthohelium*, denen diese beiden Termsysteme zuzuordnen sind. Wie am Ende von § 22 genauer dargelegt wird, ergibt sich bei Berücksichtigung des Elektronenspins, daß φ_s zum Singulett- und φ_{as} zum Triplett-Termsystem gehören.

Als nächstes Beispiel erwähnen wir die zuerst von *Heitler* und *London* gegebene wellenmechanische Behandlung des H_2-Moleküls, durch die zum ersten Male eine *homöopolare Molekülbindung* verstanden wurde. Der wesentliche Punkt liegt in der Erklärung, weshalb sich zwei neutrale Wasserstoffatome unter Freisetzung einer beträchtlichen Bindungsenergie zu einem Wasserstoffmolekül vereinigen können. Insbesondere möchte man gern wissen, welche Kräfte es sind, die die Anziehung der beiden Wasserstoffatome bewirken. Die quantenmechanische Beantwortung dieser Frage deuten wir nun an.

Man hat zunächst zu bemerken, daß bei genügend großem Abstand der Atomkerne die Bewegung der beiden Elektronen praktisch unabhängig voneinander vor sich gehen wird: Jedes der beiden Elektronen 1, 2 befindet sich im wesentlichen nur an einem der beiden Atomkerne a, b in Eigenfunktionen, die $\varphi_a(1)$, $\varphi_b(2)$ oder auch $\varphi_a(2)$, $\varphi_b(1)$ genannt werden mögen. Die Gesamteigenfunktion der beiden Elektronen ist demnach in guter Näherung entweder $\varphi_a(1)\varphi_b(2)$ oder aber $\varphi_a(2)\varphi_b(1)$; zu beiden Funktionen gehört die gleiche Energie. Solange die Atome weit voneinander entfernt sind, ist dieses Vorgehen gerechtfertigt. Sind aber die beiden Atome nahe genug beieinander, so können die Elektronen nicht mehr lokalisiert werden: Man kann nicht mehr sagen, Elektron 1 befinde sich ständig beim Atomkern a und Elektron 2 beim Atomkern b oder aber 1 sei ständig bei b, 2 ständig bei a. (Die beiden obigen Eigenfunktionen entsprechen jedoch einer solchen Situation.) Vielmehr muß jetzt die *Möglichkeit* der Vertauschung, *des Austausches der beiden Elektronen*, beachtet werden. Jedes der beiden Elektronen befindet sich nunmehr mit gleicher Wahrscheinlichkeit bei beiden Atomkernen; dem entsprechen die beiden Eigenfunktionen

$$\varphi_{as} = \varphi_a(1)\,\varphi_b(2) - \varphi_b(1)\,\varphi_a(2), \quad \varphi_s = \varphi_a(1)\,\varphi_b(2) + \varphi_b(1)\,\varphi_a(2).$$

Genauer kann man folgendermaßen vorgehen: Man setze im Sinne von (A. 21) an

$$\varphi = c_1\varphi_{01} + c_2\varphi_{02}$$

mit

$$\varphi_{01}(\mathfrak{r}_1, \mathfrak{r}_2) = \varphi_a(1)\,\varphi_b(2)$$

und

$$\varphi_{02}(\mathfrak{r}_1, \mathfrak{r}_2) = \varphi_b(1)\,\varphi_a(2).$$

Der **H**-Operator des Systems lautet

$$\boldsymbol{H} = -\frac{\hbar^2}{2m}(\varDelta_1 + \varDelta_2) + e^2\left(-\frac{1}{r_{a1}} - \frac{1}{r_{b1}} - \frac{1}{r_{a2}} - \frac{1}{r_{b2}} + \frac{1}{r_{12}} + \frac{1}{r_{ab}}\right).$$

Die Funktionen φ_{01} und φ_{02} sollen die Gleichungen

$$\left\{-\frac{\hbar^2}{2\,m}\,(\varDelta_1 + \varDelta_2) + e^2\left(-\frac{1}{r_{a1}} - \frac{1}{r_{b2}}\right)\right\}\,\varphi_{01} = 2\,E_0\,\varphi_{01}$$

und

$$\left\{-\frac{\hbar^2}{2\,m}\,(\varDelta_1 + \varDelta_2) + e^2\left(-\frac{1}{r_{a2}} - \frac{1}{r_{b1}}\right)\right\}\,\varphi_{02} = 2\,E_0\,\varphi_{02}$$

erfüllen.

Auf Grund des Variationsverfahrens bilden wir

$$E = \frac{\int \varphi^*\,H\,\varphi\,d^3\mathfrak{r}_1\,d^3\mathfrak{r}_2}{\int \varphi^*\,\varphi\,d^3\mathfrak{r}_1\,d^3\mathfrak{r}_2}\,.$$

Die Variation der c_j ergibt die Säkulargleichung

$$\begin{vmatrix} H_{11} - E & H_{12} - ES^2 \\ H_{21} - ES^2 & H_{22} - E \end{vmatrix} = 0\,.$$

Wegen $H_{11} = H_{22}$ und $H_{12} = H_{21}$ folgt

$$E = \frac{H_{11} \mp H_{12}}{1 \mp S^2}$$

mit

$$H_{11} = \int \varphi_{01}^*\,H\varphi_{01}\,d^3\mathfrak{r}_1\,d^3\mathfrak{r}_2\,,$$

$$H_{12} = \int \varphi_{01}^*\,H\varphi_{02}\,d^3\mathfrak{r}_1\,d^3\mathfrak{r}_2\,,$$

$$S_{12} = S^2 = \int \varphi_{01}^*\,\varphi_{02}\,d^3\mathfrak{r}_1\,d^3\mathfrak{r}_2 = \int \varphi_a^*(1)\,\varphi_b(1)\,d^3\mathfrak{r}_1 \int \varphi_b^*(2)\,\varphi_a(2)\,d^3\mathfrak{r}_2$$

und

$$S = \int \varphi_a^*(1)\,\varphi_b(1)\,d^3\mathfrak{r}_1 = \int \varphi_b^*(2)\,\varphi_a(2)\,d^3\mathfrak{r}_2\,, \quad \int \varphi_{01}^*\,\varphi_{01}\,d^3\mathfrak{r}_1\,d^3\mathfrak{r}_2 = 1\,.$$

Genauer ist

$$H_{11} = \int \varphi_{01}^*\left\{-\frac{\hbar^2}{2\,m}\,(\varDelta_1 + \varDelta_2)\right.$$

$$\left. + e^2\left(-\frac{1}{r_{a1}} - \frac{1}{r_{b1}} - \frac{1}{r_{a2}} - \frac{1}{r_{b2}} + \frac{1}{r_{12}} + \frac{1}{r_{ab}}\right)\right\}\,\varphi_{01}\,d^3\mathfrak{r}_1\,d^3\mathfrak{r}_2$$

$$= 2\,E_0 + \int \varphi_{01}^*\,e^2\left(-\frac{1}{r_{b1}} - \frac{1}{r_{a2}} + \frac{1}{r_{12}} + \frac{1}{r_{ab}}\right)\,\varphi_{01}\,d^3\mathfrak{r}_1\,d^3\mathfrak{r}_2$$

$$= 2\,E_0 + C'\,,$$

$$H_{12} = \int \varphi_{01}^* \left\{ - \frac{\hbar^2}{2\,m} \left(\varDelta_1 + \varDelta_2 \right) \right.$$

$$+ e^2 \left(- \frac{1}{r_{a1}} - \frac{1}{r_{b1}} - \frac{1}{r_{a2}} - \frac{1}{r_{b2}} + \frac{1}{r_{12}} + \frac{1}{r_{ab}} \right) \right\} \varphi_{02}\, d^3 r_1\, d^3 r_2$$

$$= 2\,E_0\,S^2 + \int \varphi_{01}^* e^2 \left(- \frac{1}{r_{a1}} - \frac{1}{r_{b2}} + \frac{1}{r_{12}} + \frac{1}{r_{ab}} \right) \varphi_{02}\, d^3 r_1\, d^3 r_2$$

$$= 2\,E_0\,S^2 + A'$$

Also erhalten wir

$$E = \frac{2\,E_0 + C' \mp (2\,E_0\,S^2 + A')}{1 \mp S^2} = 2\,E_0 + \frac{C' \mp A'}{1 \mp S^2}$$

und

$$\varphi_\mathrm{s} = \frac{1}{\sqrt{2 + 2\,S^2}}\, [\varphi_{01} + \varphi_{02}], \qquad E_\mathrm{s} = 2\,E_0 + \frac{C' + A'}{1 + S^2},$$

$$\varphi_\mathrm{as} = \frac{1}{\sqrt{2 - 2\,S^2}}\, [\varphi_{01} - \varphi_{02}], \qquad E_\mathrm{as} = 2\,E_0 + \frac{C' - A'}{1 - S^2}.$$

Wenn $S^2 \ll 1$ („schwache Überlappung" der Funktionen φ_a, φ_b) ist, dann gilt genähert

$$\varphi_\mathrm{s} = \frac{1}{\sqrt{2}}\, [\varphi_{01} + \varphi_{02}], \qquad E_\mathrm{s} = 2\,E_0 + C' + A',$$

$$\varphi_\mathrm{as} = \frac{1}{\sqrt{2}}\, [\varphi_{01} - \varphi_{02}], \qquad E_\mathrm{as} = 2\,E_0 + C' - A'.$$

Die genauere Untersuchung der Größen C' und A' zeigt, daß der symmetrische Zustand energetisch tiefer als der antisymmetrische liegt.

Die Abhängigkeit der Energien E_s und E_as von R ist in Abb. 21 skizziert. Aus dieser Abbildung erkennt man, daß zwei Wasserstoffatome zwei wesentlich verschiedene Möglichkeiten besitzen, miteinander zu reagieren. Im Zustand φ_as nimmt die Energie bei Annäherung der beiden Atome ständig zu; die Atome stoßen sich also ab. Im Zustand φ_s dagegen

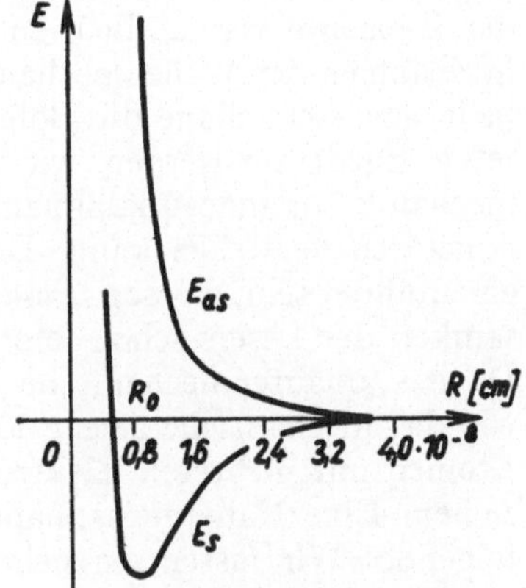

Abb. 21. Potentialkurven des H_2 im symmetrischen und antisymmetrischen tiefsten Zustand

ziehen die beiden Atome sich an, solange $R > R_0$, stoßen sich aber ab, sobald $R < R_0$ ist. R_0 entspricht also einem stabilen Zustand, dem Grundzustand des H_2-Moleküls. Durch genauere Überlegungen kann man aus der zugehörigen Schrödinger-Gleichung den stabilen Kernabstand R_0 und die Bindungsenergie $\Delta E = E_s(R_0) - E_s(\infty)$ berechnen. Man erhält Werte, die mit den empirisch bekannten Daten für diese Größen relativ gut übereinstimmen. (Ausführlicher hierüber in [18].)

Da die Kraft, die die homöopolare Bindung bewirkt, ihren Ursprung wesentlich dem beschriebenen Austauscheffekt verdankt, nennt man sie vorzugsweise *Austauschkraft*. Die Konzeption des Elektronenaustauschs und der Austauschkraft hat sich bei allen Mehrelektronenproblemen außerordentlich bewährt, und zwar nicht nur bei anderen Molekülen, sondern z. B. auch in der Theorie der komplizierteren Atome und in der Theorie des festen Körpers.

§ 18. Die Theorie des Periodensystems der Elemente
und das Pauli-Prinzip

Bekanntlich war es *Bohr* schon im Rahmen der nach ihm benannten korrespondenzmäßigen Quantentheorie gelungen, in großen Zügen die eigentümlichen Periodizitäten in vielen Eigenschaften der Elemente verständlich zu machen. Dies muß natürlich auch im Rahmen der Wellenmechanik möglich sein, denn diese enthält ja in gewissem Sinne die Bohrsche Theorie als Grenzfall. Es soll jetzt angedeutet werden, wie man aus den Gesetzen der Wellenmechanik zumindest halbquantitativ die in Rede stehenden Periodizitäten verstehen kann. Dabei wird ein völlig neues Prinzip einzuführen sein, das sog. *Pauli-Prinzip*, auf das wir die Aufmerksamkeit des Lesers schon jetzt lenken möchten.

Da das quantenmechanische Mehrteilchenproblem ebensowenig wie das mechanische streng lösbar ist, sind zur Behandlung von Atomen mit mehreren Elektronen Näherungsmethoden heranzuziehen. Eine Näherungsannahme, die viel benutzt wird, ist die folgende: Wir fassen ein beliebiges der Elektronen eines Atoms ins Auge und verfolgen seine Bewegung im Atom. Dabei soll diese Bewegung durch eine Einteilchen-Schrödinger-Gleichung beschrieben werden, in der die Einwirkung der übrigen Elektronen auf die Bewegung des herausgegriffenen durch ein mittleres elektrostatisches Potential zum Ausdruck kommt. Das Beiwort „mittleres" bei Potential soll andeuten, daß es sich um eine Funktion handelt, die nur noch von den Koordinaten des hervorgehobenen Elektrons, nicht mehr von denen der übrigen Elektronen abhängt; über die Bewegung der übrigen Elektronen ist in gewissem Sinne gemittelt. Wir gehen auf die Art dieser Mittelung nicht näher ein, erwähnen nur, daß das betreffende Verfahren den Namen sèines Urhebers, *Hartree*, trägt.[1]) Im folgenden benutzen wir wesentlich nur eine Voraussetzung des *Hartree-Verfahrens*, nämlich die über die Kugelsymmetrie des eben eingeführten mittleren Potentials.

Das hervorgehobene Elektron möge sich also in einem kugelsymmetrischen Potential bewegen, das zum Teil vom Atomkern, zum Teil von den übrigen Elektronen herrührt. Über die Lösungen der Schrödinger-Gleichung mit kugelsymmetrischem Potential wissen wir aber aus § 11 schon einiges: Bei der Lösung des winkelabhängigen Teiles der Gleichung treten die Quantenzahlen l und m auf ($l = 0, 1, 2, \ldots; m = -l, \ldots, +l$). Zu jedem festen l gibt es ($2l + 1$) verschiedene m, und die Energie hängt nur von l, nicht von m ab. Die Lösung des Radialteiles der Schrödinger-Gleichung haben wir nur für das Coulomb-Potential durchgeführt. Es liegt aber auf der Hand, daß die dort aufgetretene Hauptquantenzahl $n = 1, 2, 3, \ldots$ auch bei anderen Potentialfunktionen vorkommen wird; nur hängt die Energie dann nicht allein von n, sondern von n und l ab. Auf jeden Fall wird man die Energieniveaus durch die beiden Quantenzahlen n und l kennzeichnen können: $E = E(n, l)$; dabei ist l wie früher auf die Werte $l = 0, 1, 2, \ldots, (n-1)$ beschränkt, falls n beliebig bleibt. Einen beliebigen Zustand eines Vielelektronenatoms kann man also charakterisieren, indem man die Zahlen der Elektronen in den einzelnen Termen angibt. Hierbei hat sich folgende Schreibweise eingebürgert: Man ersetzt die Zahl l durch einen Buchstaben (was auch beim Wasserstoffatom möglich und üblich ist):

Den Zahlen
$$l = 0, 1, 2, 3, \ldots$$

entsprechen die Buchstaben $s, p, d, f, \ldots$

---

1) Das Hartree-Verfahren ist zu den Variationsverfahren (s. Anhang C) zu zählen.

Das Symbol $(2s)^2$, $(2p)^3$, $3d$ z. B. steht dann an Stelle der Konfiguration: $n = 2$, $l = 0$ doppelt; $n = 2$, $l = 1$ dreifach; $n = 3$, $l = 2$ einfach besetzt.[1]

Es kommen aber bei weitem nicht alle der auf diese Weise konstruierbaren Zustände eines Vielelektronenatoms in der Natur vor; z. B. hat man nie einen stärker als zweifach besetzten s-Zustand und nie einen stärker als sechsfach besetzten p-Zustand nachweisen können. Allgemein hängt die beobachtete *maximale Besetzungszahl* z_{Max} eines Elektronenzustands von dessen Nebenquantenzahl l ab gemäß

$$z_{\text{Max}} = 2(2l + 1).$$

Wie man sieht, ist z_{Max} gerade das Doppelte der Zahl der zu l gehörigen, durch m unterschiedenen Eigenfunktionen des Einelektronenproblems. Deshalb kann die obige Regel über die maximalen Besetzungszahlen der Einelektronen-Zustände auch so gefaßt werden:

In einem Vielelektronenatom kommen niemals mehr als zwei Elektronen vor, bei denen sämtliche drei Quantenzahlen n, l, m übereinstimmen.

In dieser Form nennt man die Regel gewöhnlich *Pauli-Prinzip*. Sie stellt ein neues, von den Gesetzen der bisher von uns erläuterten Quantenmechanik unabhängiges, sehr einschneidendes Prinzip dar, das sich bei allen bisher untersuchten Mehrelektronen-Systemen, also nicht nur bei Atomen, als gültig erwiesen hat.

Kennt man nun die $E(n, l)$, d. h. die Lage der Energieniveaus des Einelektronen-Problems, so kann man die Elektronenkonfigurationen der *Grundzustände der Atome* in dieser Näherung einfach angeben, indem man die zur Verfügung stehende Zahl von Elektronen in die tiefsten Niveaus setzt, und zwar unter Beachtung des Pauli-Prinzips. Der Grundzustand des Na-Atoms wäre demnach z. B. $(1s)^2$, $(2s)^2$, $(2p)^6$, $3s$. Die genaue energetische Reihenfolge der Einelektronen-Zustände erschließt man am einfachsten empirisch zu

$1s$, $2s$, $2p$, $3s$, $3p$, $4s$, $3d$, $4p$, $5s$, $4d$, $5p$, $6s$, $4f$, $5d$, $6p$, $7s$, $5f$, $6d$.

Hierbei kommt es allerdings vereinzelt vor, daß in manchen Atomen $4s$- und $3d$-Zustände oder andere eng benachbarte Zustände in vertauschter Reihenfolge auftreten. Im allgemeinen wird aber obige Ordnung eingehalten.

---

[1] Die Exponenten geben also die Elektronenzahlen an.

Die Erklärung der eingangs erwähnten *Periodizitäten* liegt jetzt natürlich darin, daß bei der sukzessiven Auffüllung dieser Niveaus (man spricht in diesem Zusammenhang gern von *Elektronenschalen*) mehrfach ähnliche äußere Elektronenkonfigurationen auftauchen. Diese Konfigurationen der zuletzt eingebauten Elektronen (Valenzelektronen) aber sind für viele Eigenschaften der Atome, z. B. die chemischen, wesentliche Faktoren. Die inneren Elektronenschalen spielen meist eine zweitrangige Rolle, so daß Atome mit ähnlicher Valenzelektronenstruktur auch in vieler Hinsicht ähnliche Eigenschaften zeigen. Als Beispiele nennen wir folgende: Alkali-Atome besitzen ein einzelnes s-Elektron; Edelgase besitzen eine vollbesetzte p-Schale (He jedoch eine ebensolche $1s$-Schale); den Halogenen fehlt je ein Elektron an der vollen p-Schale; Erdalkalien besitzen zwei s-Elektronen als Valenzelektronen usw.

D. DER SPIN DES ELEKTRONS

Bisher haben wir das Elektron als Partikel angesehen, die durch ihren Ortsvektor (in Abhängigkeit von der Zeit), ihre elektrische Ladung und ihre mechanische Masse (bezüglich ihrer Teilcheneigenschaften) vollständig gekennzeichnet ist. Wir werden jetzt einige Tatsachen zu besprechen haben, die nur verstanden werden können, wenn man dem Elektron noch eine weitere Eigenschaft zuschreibt, nämlich den sog. *Spin*[1]). Die erwähnten Tatsachen betreffen das Verhalten eines Elektrons (bzw. eines Atoms mit *einem* Valenzelektron) in einem inhomogenen Magnetfeld (*Stern-Gerlach-Effekt*), den Einfluß eines magnetischen Feldes auf die Energieniveaus eines Atomelektrons (*Zeeman-Effekt*) und die sog. *Multiplettstruktur* der Energieniveaus von Atomelektronen.

Da es sich hierbei vor allem um magnetische Effekte handelt, muß zunächst die im vorigen Kapitel entwickelte Quantenmechanik so erweitert werden, daß sie auch magnetische Kräfte zu behandeln gestattet. Dann werden wir sehen, daß z. B. der Stern-Gerlach-Effekt vom Standpunkt der bisherigen Quantenmechanik unverständlich bleibt. Eine relativ einfache Verallgemeinerung dieser bisherigen Quantenmechanik, die *Paulische Theorie des Elektronenspins*, wird dann bis zu einem gewissen Grade die obengenannten Tatsachen zu erklären gestatten. Im Rahmen dieser Theorie ist auch eine allgemeinere Fassung des Pauli-Prinzips zu besprechen. Dann aber folgt die strengere, wenn auch etwas kompliziertere *Diracsche Theorie des Elektronenspins* mit der sog. *Löchertheorie*. Diese Theorie stellt eine Vereinigung von spezieller Relativitätstheorie und Quantenmechanik dar. Sie führte u. a. zur Voraussage der Positronen, Paarerzeugung und Paarvernichtung, also zur Voraussage von später sämtlich bestätigten Naturerscheinungen.

---

1) Vgl. hierzu [11], [15], [19].

§ 19. Schrödinger-Gleichung mit Einschluß magnetischer Kräfte

Wir gehen aus von der Bewegung eines Elektrons in einem durch die Feldstärken $\mathfrak{E}$, $\mathfrak{H}$ gekennzeichneten elektromagnetischen Feld. Die Bewegungsgleichung lautet hierfür bekanntlich

$$M\ddot{\mathfrak{r}} = e\mathfrak{E} + \frac{e}{c}\,\dot{\mathfrak{r}} \times \mathfrak{H} \qquad (19.1)$$

($\mathfrak{r}$ Ortsvektor, e Ladung, M Masse des Elektrons[1]). Dieselbe Gleichung (19.1) ergibt sich aus der Lagrange-Gleichung II. Art

$$\frac{d}{dt}\frac{\partial L}{\partial \dot{q}_k} - \frac{\partial L}{\partial q_k} = 0,$$

wenn man

$$L = \frac{1}{2} M\dot{\mathfrak{r}}^2 - eV + \frac{e}{c}\,\dot{\mathfrak{r}}\mathfrak{A}$$

setzt und wie üblich mittels

$$\mathfrak{E} = -\operatorname{grad} V - \frac{1}{c}\,\dot{\mathfrak{A}}, \quad \mathfrak{H} = \operatorname{rot}\mathfrak{A}$$

die Feldstärken durch Potentiale V, $\mathfrak{A}$ ersetzt. Aus dieser Lagrange-Funktion L entnimmt man zunächst, daß für den zu $\mathfrak{r}$ kanonisch konjugierten Impuls

$$\mathfrak{p} = M\dot{\mathfrak{r}} + \frac{e}{c}\,\mathfrak{A} \qquad (19.2)$$

gilt, da $p_k = \dfrac{\partial L}{\partial \dot{q}_k}$ ist. Die Hamilton-Funktion $H = \dot{\mathfrak{r}}\cdot\mathfrak{p} - L$ erhält dann die Gestalt

$$H = \frac{1}{2M}\left(\mathfrak{p} - \frac{e}{c}\,\mathfrak{A}\right)^2 + eV. \qquad (19.3)$$

Bekanntlich kommt man von der klassischen Energiegleichung $H = E$ zur Schrödinger-Gleichung, indem man für H und E die entsprechenden Operatoren $\boldsymbol{H}$, $\boldsymbol{E}$ einführt und auf die Schrödinger-Funktion wirken läßt.[2] Diesen Weg wollen wir auch hier beschreiten. Nach früher erläuterten Regeln ist

$$\boldsymbol{H} = \frac{1}{2M}\left(\mathfrak{p} - \frac{e}{c}\,\mathfrak{A}\right)^2 + eV.$$

---

1) Die Elektronenmasse, bisher m, wird in diesem Kapitel ausnahmsweise mit M bezeichnet, um Verwechslungen mit der magnetischen Quantenzahl m zu verhüten.
2) Dieser Weg ist allerdings nur bei zeitlich konstanten Potentialen $\mathfrak{A}$, V gangbar.

Setzen wir wie früher $\mathfrak{r} = \mathfrak{r}$, so ist $\mathfrak{p} = \dfrac{\hbar}{i}\,\mathrm{grad}$, wie üblich; ferner wird $\boldsymbol{V} = V$, $\boldsymbol{\mathfrak{A}} = \mathfrak{A}$; außerdem bleibt $\boldsymbol{E} = i\,\hbar\,\dfrac{\partial}{\partial t}$ unverändert. Die Gleichung $(\boldsymbol{H} - \boldsymbol{E})\,\psi = 0$ lautet dann explizit

$$\left[\frac{1}{2M}\left(\frac{\hbar}{i}\,\mathrm{grad} - \frac{e}{c}\,\mathfrak{A}\right)^2 + eV + \frac{\hbar}{i}\,\frac{\partial}{\partial t}\right]\psi = 0$$

oder

$$-\frac{\hbar^2}{2M}\left[\varDelta\psi + \frac{2e}{i\hbar c}\,\mathfrak{A}\,\mathrm{grad}\,\psi - \left(\frac{e}{\hbar c}\,\mathfrak{A}\right)^2\psi\right] + eV\psi = i\hbar\,\frac{\partial\psi}{\partial t}\,.$$

$$(19.4)$$

(19.4) ist die angekündigte verallgemeinerte Schrödinger-Gleichung.

Zur Vorbereitung der im nächsten Paragraphen erfolgenden Diskussion des Stern-Gerlach-Effektes benutzen wir jetzt (19.4), um folgende Frage zu beantworten: Wie ändern sich die Energieniveaus eines Valenzelektrons in einem Atom, wenn man dieses Atom in ein *homogenes Magnetfeld* $\mathfrak{H} = (0, 0, H_z)$ bringt?

Ohne Magnetfeld ist der Hamilton-Operator

$$H_0 = -\frac{\hbar^2}{2M}\,\varDelta + eV(\mathfrak{r})\,.$$

$V(\mathfrak{r})$ sei kugelsymmetrisch. Dann ist die Winkelabhängigkeit der Eigenfunktionen von $\boldsymbol{H_0}$ durch die Kugelflächenfunktionen $Y_l^m(\vartheta, \varphi) = P_l^m(\cos\vartheta)\,e^{im\varphi}$ gegeben (vgl. § 11). Die Eigenwerte E_0 der Gleichung $(\boldsymbol{H_0} - E_0)\,\psi_0 = 0$ wollen wir als bekannt ansehen. Schreibt man $\mathfrak{A} = \dfrac{H_z}{2}(-y, +x, 0)$ und führt Kugelkoordinaten r, ϑ, φ ein, so erhält der in (19.4) stehende Hamilton-Operator die Form

$$H = H_0 - \frac{eH_z}{2Mc}\,\frac{\hbar}{i}\,\frac{\partial}{\partial\varphi} + \frac{e^2 H_z^2}{8Mc^2}\,r^2\sin^2\vartheta\,. \qquad (19.5)$$

Die zu (19.5) gehörige Eigenwertgleichung $(\boldsymbol{H} - E)\,\psi = 0$ ist streng nicht lösbar. Man kann aber eine genäherte Lösung für kleines H_z angeben, mit der wir uns hier begnügen wollen. Für kleines Magnetfeld wird nämlich der dritte Term in (19.5) vernachlässigbar klein gegenüber den beiden anderen. Ferner ist im schwachen Magnetfeld die Annahme berechtigt, daß die Eigenfunktionen ψ von (19.5) sich nur wenig von den zu $\boldsymbol{H_0}$ gehörigen

Eigenfunktionen ψ_0 unterscheiden, so daß die Eigenwerte von H aus der Formel

$$E = \int \psi_0^* \, H \, \psi_0 \, d\tau$$

genähert gewonnen werden können.[1] Man erhält so

$$E = E_0 - \frac{eH_z}{2Mc} \, m\hbar . \tag{19.6}$$

Die physikalische Bedeutung der Formel (19.6) tritt ziemlich klar zutage. Wir wissen ja, daß $m\hbar$ der Eigenwert der z-Komponente des Drehimpulses ist. Diesem Drehimpuls wird, da er einem elektrischen Teilchen seinen Ursprung verdankt, auch ein *magnetisches Moment* zugeordnet sein. Nach klassischen Gesetzen wäre die z-Komponente dieses magnetischen Momentes

$$\mu_z = \frac{em\hbar}{2Mc} = \frac{e}{2Mc} \, L_z . \tag{19.7}$$

Dieses Gesetz (19.7) scheint tatsächlich auch die Quantentheorie zu liefern, denn mit Hilfe von (19.7) kann man (19.6) die Form

$$E = E_0 - \mu_z \, H_z = E_0 - \vec{\mu} \cdot \mathfrak{H} \tag{19.8}$$

geben. Die zu E_0 wegen des Magnetfeldes $\mathfrak{H}$ hinzutretende Energie kann also in Form der bekannten potentiellen Energie eines magnetischen Dipols vom Moment $\vec{\mu}$ in diesem Feld $\mathfrak{H}$ geschrieben werden, und diese Schreibweise bringt offenbar die physikalische Bedeutung der Energieformel (19.6) schön zum Ausdruck. Nur am Rande sei erwähnt, daß die Gültigkeit von (19.7) in der Schrödingerschen Quantenmechanik auch streng nachgewiesen werden kann.

Aus der Quantisierung von L_z folgt dann die von μ_z: Die Komponente μ_z kann nur ganzzahlige Vielfache der Einheit $\mu_B = \dfrac{|e|\hbar}{2Mc}$ ($\mu_z = -m\mu_B$) des magnetischen Moments annehmen. Diese Einheit μ_B nennt man das *Bohrsche Magneton*. m ist natürlich wie früher auf die Zahlen $m = -l, \ldots, -1, 0, +1, \ldots, +l$ beschränkt, kann also bei gegebenem l gerade $2l+1$ verschiedene Werte annehmen. Übrigens macht Formel (19.6) die oft verwendete Bezeichnung für m, *magnetische Quantenzahl*, verständlich.

---

1) Diese Formel liefert die Energiewerte erster Näherung im Sinne der *Schrödingerschen Störungstheorie*, deren Darstellung im Anhang gegeben wird.

§ 20. Diskussion des Stern-Gerlach-Effektes

Leitet man einen Strahl von Alkali-, Wasserstoff-, Silber-, Kupfer-
oder Goldatomen durch ein stark inhomogenes Magnetfeld, so beobachtet man, daß der Strahl hinter dem Feld in zwei divergente Teilstrahlen zerfallen ist (Schema des Versuches s. Abb. 22, ein typisches
Photo zeigt Abb. 23). Der Winkel zwischen den beiden Teilstrahlen
ist dem Gradienten des Magnetfeldes proportional: Im homogenen
Feld tritt keine solche Aufspaltung ein. Andere Atome zeigen überhaupt keine oder kompliziertere Aufspaltungen; wir beschränken
uns deshalb hier wesentlich auf die genannten Substanzen.

Die Deutung dieser Erscheinung wird man natürlich in folgender
Richtung suchen: Man wird annehmen, daß die untersuchten Atome
ein *permanentes magnetisches Moment* $\vec{\mu}$ besitzen. In einem inhomogenen Magnetfeld $\mathfrak{H}$ wirkt dann auf diese Atome nach der klassi-
schen Mechanik die Kraft $\mathfrak{K} = (\vec{\mu} \cdot \mathrm{grad})\mathfrak{H} = \mathrm{grad}\,(\vec{\mu} \cdot \mathfrak{H})^1)$. Nun darf
nach früher erörterten quantenmechanischen Gesetzen der Vektor
des Drehimpulses, also auch der mit ihm gekoppelte Vektor μ, nicht
jede beliebige Komponente in einer ausgezeichneten Raumrichtung
besitzen, sondern nur gewisse diskrete, durch die zugelassenen Werte
der Quantenzahl m gekennzeichnete Komponenten. Wäre es etwa
so, daß im Falle der Alkalien usw. nur zwei solche Werte $+ \mu, - \mu$
zugelassen sind, so hätte man $\mathfrak{K} = \pm \mu\,\mathrm{grad}\,|\mathfrak{H}|$. Diese Kraft $\mathfrak{K}$ wirkt
also entweder in Richtung des Gradienten von $\mathfrak{H}$ oder in entgegen-

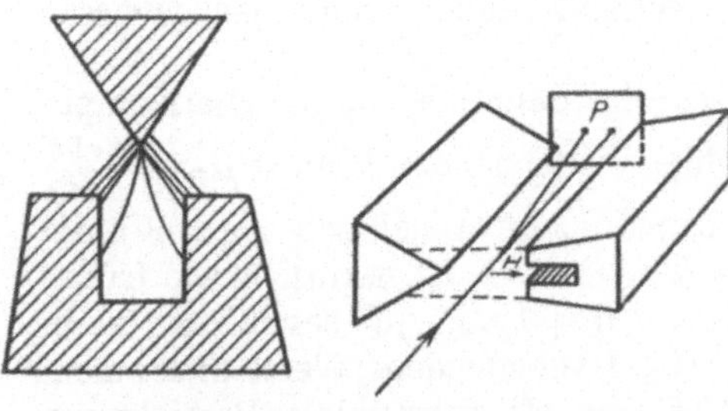

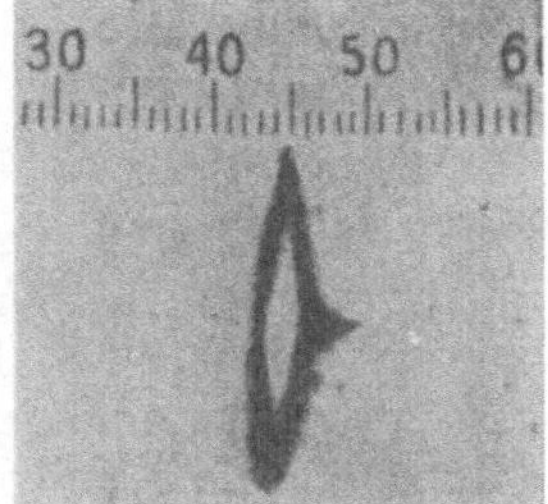

Abb. 22. Stern-Gerlach-Versuch (schematisch).
Links Polschuhe und Feldlinien, rechts Schema der
Aufspaltung (P = Photoplatte, H = Magnetfeld
(nach *Briegleb*)

Abb. 23.   Ergebnis
eines Stern-Gerlach-Versuches
an Silberatomstrahlen

---

1) mit rot $\mathfrak{H} = 0$.

gesetzter Richtung mit gleichem Betrag, je nach der Orientierung des Vektors $\vec{\mu}$.

In einem normalen Atomstrahl ist aber im feldfreien Raum keine Orientierung von $\vec{\mu}$ vor der anderen ausgezeichnet, also werden Atome mit beiden Orientierungen mit gleicher Wahrscheinlichkeit im Strahl enthalten sein. Sie durchlaufen wegen der verschiedenen $\mathfrak{K}$ zwei verschiedene beschleunigte Bahnen und geben so Anlaß zu den beiden divergenten Teilstrahlen.

Man kann nach quantitativer Durchführung der eben angedeuteten Ideen die Größe μ aus dem Stern-Gerlach-Experiment entnehmen und erhält für die obengenannten Atome mit einem Valenzelektron

$$\mu = \mu_B = \frac{|e|\,\hbar}{2\,Mc},$$

das Bohrsche Magneton.

Obige Ansätze erscheinen aber aus verschiedenen Gründen recht bedenklich: 1. Der Ursprung des eingangs postulierten magnetischen Moments $\vec{\mu}$ ist noch nicht bekannt. 2. Für die Bewegung der Atome im Magnetfeld ist nicht die klassische, sondern die Quantenmechanik verantwortlich; dies muß beachtet werden. 3. Wir haben bisher nur ungerade Zahlen $2l+1$ (l ganz) als Zahl der möglichen Werte einer Komponente des Drehimpulses bei gegebenem Betrag dieser Größe kennengelernt. $2l+1$ nimmt ja z. B. den Wert 2 nur an für $l = \frac{1}{2}$. Halbzahliges l haben wir jedoch bisher nicht zugelassen.

Zu 1: Das im Stern-Gerlach-Versuch nachgewiesene *magnetische Moment* der Alkali-Atome usw. kann *nicht von der Bahnbewegung* des Valenzelektrons herrühren. Denn die Bahnbewegung wird durch die im vorigen Kapitel entwickelte Quantenmechanik gut beschrieben; diese liefert aber als Grundzustand des Valenzelektrons der betreffenden Atome einen s-Zustand, in dem $l = m = 0$, also Drehimpuls und magnetisches Moment verschwinden müssen. Unter den gegebenen Bedingungen befinden sich die Atome auch überwiegend in diesem Grundzustand. Der Atomrumpf (bzw. Atomkern beim Wasserstoffatom) kommt als Sitz des permanenten magnetischen Moments ebenfalls nicht in Betracht, wie experimentell erwiesen wurde: Ein Stern-Gerlach-Effekt von Li$^+$, Ag$^+$, Cu$^+$ tritt nicht auf, d. h., die betreffenden Ionen besitzen keine magnetischen Momente. Vom Wasserstoffatomkern, dem Proton, aber weiß man, daß sein magnetisches

Moment um drei Größenordnungen kleiner ist als μ_B. Wir müssen somit feststellen, daß das in Rede stehende Moment $\vec{\mu}$ zwar vom Valenzelektron, nicht aber von dessen Bahnbewegung herzustammen scheint.

Die *Hypothese des Elektronenspins* (s. Anfang von § 21) enthebt uns dieser Schwierigkeit, denn nach ihr besitzt das Elektron einen Spin, d. h. ein *magnetisches Eigenmoment* vom Betrag μ_B, verkoppelt mit einem *Eigendrehimpuls* (s. unten), die beide nichts mit der Bahnbewegung zu tun haben.

Zu 2: Rührte das Moment von der Bahnbewegung des Valenzelektrons her, so könnte man die Quantenmechanik der Bewegung des Atoms im Magnetfeld ohne Schwierigkeiten entwickeln. Mit Hilfe der im vorigen Paragraphen bereitgestellten Formeln können wir in großen Zügen das Resultat einer solchen Theorie übersehen. Insbesondere beachten wir Formel (19.6). Aus ihr entnehmen wir, daß für $m < 0$ die Gesamtenergie E der Bewegung des Elektrons um den Atomrumpf um so kleiner wird, je größer H_z ist. Für $m > 0$ aber wird E immer kleiner mit abnehmendem H_z. Atome mit $m < 0$ werden also in die Feldgebiete großer H_z abgelenkt, Atome mit $m > 0$ in solche mit kleinem H_z. Qualitativ ist dies auch die Wirkung der oben hingeschriebenen klassischen Kraft; die genauere Diskussion gibt auch quantitative Übereinstimmung. — Für das Verhalten des magnetischen Spinmoments im Magnetfeld müssen wir eine Quantentheorie erst noch entwickeln, was im nächsten Paragraphen erfolgen soll.

Zu 3: Der im § 11 enthaltene Schluß auf ganzzahliges l beruht auf folgendem: Der Drehimpulsoperator $\mathfrak{L}$ wird dargestellt als

$$\mathfrak{L} = \mathfrak{r} \times \mathfrak{p} = \mathfrak{r} \times \frac{\hbar}{i}\,\mathrm{grad}\,.$$

Die Eigenwerte dieses Operators sind dann

$$\mathfrak{L}^2 \to \hbar^2\, l\,(l+1);\quad L_z\ (\text{oder } L_x \text{ oder } L_y) \to \hbar m.$$

m muß ganzzahlig sein, damit die Eigenfunktionen eindeutig sind. Die Ganzzahligkeit von l folgt aus der von m in Verbindung mit der Forderung nach Ausschluß unzulässiger Singularitäten der Eigenfunktionen.

Ein anderer Weg jedoch führt auf *ganz- und halbzahlige Werte für l und m*. Es ist dies ein abstrakterer Weg über die Vertauschungsregeln für $\mathfrak{L}$, die in § 14 angegeben wurden. Man braucht dabei keine spezielle Darstellung der $\mathfrak{L}$-Operatoren, sondern nur die Vertauschungsregeln zu benutzen. Daß man bei einem solchen Vorgehen mehr Eigenwerte erhält als mit Hilfe der ersten Methode, liegt daran, daß in der wellenmechanischen Methode mehr vorausgesetzt wird als in der abstrakteren: Die Gleichung $\mathfrak{L} = \mathfrak{r} \times \mathfrak{p}$ bedeutet eine Einschränkung in der Auswahl der Eigenfunktionen insofern, als nur solche zugelassen werden, die einer Bahnbewegung zuzuordnen sind. Die den halbzahligen Quantenzahlen zuzuordnenden Drehimpulse verdanken ihren Ursprung aber keinen Bahnbewegungen bzw. nicht nur Bahnbewegungen. Da unser Spindrehimpuls mit $l = \frac{1}{2}$ keiner Bahnbewegung entsprechen kann, wie oben erörtert wurde, ist die in 3. erwähnte Schwierigkeit bei genauerem Zusehen nicht vorhanden.

Es scheint demnach die Hypothese des Elektronenspins eine brauchbare und auch quantitativ durchführbare Annahme zu sein. Ihrer quantitativen Formulierung wollen wir uns jetzt zuwenden. Zuvor sei noch bemerkt, daß eine klassische Theorie des Elektronenspins nicht existieren kann, da ja Spindrehimpuls und magnetisches Moment des Spins beide zu h proportional sind; h aber kommt in einer klassischen Theorie nicht vor. Außerdem ist ja beim Spin die Richtungsquantisierung ganz wesentlich; diese aber ist einer klassischen Theorie ebenfalls fremd. Übrigens ist die Realität dieser Richtungsquantisierung erstmals mittels des Stern-Gerlach-Versuchs direkt und überzeugend nachgewiesen worden. Wir werden deshalb sofort versuchen, die Hypothese des Elektronenspins in die Wellenmechanik einzubauen.

§ 21. Die Paulische Theorie des Elektronenspins

An die Spitze dieses Paragraphen sei eine klare Formulierung der Hypothese bezüglich des Elektronenspins gestellt: *Das Elektron besitzt einen mechanischen Eigendrehimpuls, dessen Komponente in Richtung einer ausgezeichneten Achse nur zweier (entgegengesetzt gleicher) Werte fähig ist. An diesen Drehimpuls ist ein inneres magnetisches Moment gekoppelt, dessen Betrag* $\mu_B = \dfrac{\hbar\,|e|}{2\,M\,c}$ *ist. Die beiden Größen rühren nicht von einer Bahnbewegung des Elektrons her, sondern sind Eigenschaften auch der ruhenden Partikel.*

Die Hypothese über den Elektronenspin wurde erstmals von *Uhlenbeck* und *Goudsmit* (1925) formuliert. Später fand man übrigens, daß auch andere Elementarteilchen einen Spin mit Eigenschaften ähnlich dem des Elektrons besitzen. Es sind dies Protonen, Neutronen und gewisse Mesonen. Vor allem aus Raumgründen beschränken wir uns hier jedoch nur auf den Spin des Elektrons.

Wir schließen einige formale Überlegungen an. Das magnetische Moment des Spins sei mit $\vec{\mu}$, der zugehörige Drehimpuls mit $\mathfrak{S}$ bezeichnet. Es steht nichts im Wege, die Vertauschungsregeln, die für den Bahndrehimpuls $\mathfrak{L}$ gelten, auch für unseren Spindrehimpuls $\mathfrak{S}$[1]) als gültig anzusehen. Diese Regeln sind bekanntlich [$\mathfrak{S} = (S_x, S_y, S_z)$]

$$S_x S_y - S_y S_x = i \hbar S_z \tag{21.1}$$

und die daraus durch zyklische Vertauschung hervorgehenden Beziehungen.

Aus ihnen folgen, wie oben mitgeteilt, die Eigenwerte

$$\mathfrak{S}^2 \to \hbar^2 \, l(l+1), \quad S_z \text{ oder } S_y \text{ oder } S_x \to \hbar m$$

$$\text{mit } l = 0, \tfrac{1}{2}, 1, \tfrac{3}{2}, 2, \tfrac{5}{2}, 3, \ldots, \quad m = -l, -l+1, \ldots, l-1, l.$$

Die richtige Richtungsquantisierung mit den beiden Einstellmöglichkeiten etwa von S_z ergibt sich für $l = \tfrac{1}{2}$; m ist dann nur der Werte $\pm \tfrac{1}{2}$ fähig, so daß S_z die Eigenwerte $\pm \tfrac{1}{2}\hbar$ besitzt.[2])

Wir hatten aus dem Stern-Gerlach-Versuch geschlossen (vorbehaltlich einer quantentheoretischen Behandlung der Einwirkung des Magnetfeldes auf den magnetischen Dipol), daß $\mu_z = \pm \dfrac{e\hbar}{2Mc}$ sein kann. Dies würde einer Beziehung zwischen magnetischem Moment und Drehimpuls vom Typ $\vec{\mu} = \pm \, \mathfrak{S} \, \dfrac{e}{Mc}$ entsprechen. Allgemein bewährt hat sich die Relation

$$\vec{\mu} = + \, \mathfrak{S} \, \frac{e}{Mc}. \tag{21.2}$$

Man beachte, daß die Verknüpfung (21.2) von der durch (19.7) für Bahnmomente gegebenen um den Faktor 2 verschieden ist. Diese Verschiedenheit ist eine Eigenart des Spins; sie bringt nochmals zum Ausdruck, daß der Spin nichts mit Bahnbewegung zu tun haben kann. Man nennt diese Verschiedenheit gewöhnlich *magnetomechanische Anomalie* des Spins; der Faktor

$$\frac{|\vec{\mu}|}{|\mathfrak{S}|} \frac{2Mc}{|e|} = g$$

---

1) Da es kein klassisches Analogon zum Spin gibt, heben wir diesen Operator nicht durch Fettdruck hervor.

2) Die Wahl eines festen $l = \tfrac{1}{2}$ bedeutet übrigens, daß der Betrag von $\mathfrak{S}$ fest ist, und zwar gleich $\sqrt{3} \, \dfrac{\hbar}{2}$; bei anderen Systemen kommen auch andere l-Werte vor.

heißt *Landéscher g-Faktor* und ist für den Elektronenspin nach (21.2) gleich 2, für die Bahnbewegung einer Punktladung aber gleich 1.

Durch die Annahme des Elektronenspins ist die Zahl der unabhängigen Variablen, die die Bewegung des Elektrons beschreiben, erhöht worden: Neben Orts- und Impulsvektor $\mathfrak{r}$ und $\mathfrak{p}$ tritt der Vektor des Spindrehimpulses $\mathfrak{S}$, kurz *Spinvektor* genannt. (Der Vektor des magnetischen Moments ist mittels (21.2) von $\mathfrak{S}$ abhängig.)

Ziel dieses Paragraphen ist der Aufbau einer Quantenmechanik unter Einschluß des Spins. Wir müssen uns hierzu zuerst die *Gestalt des $\mathfrak{S}$-Operators* verschaffen. Zunächst eine Vorbemerkung: Es hat sich weitgehend eingebürgert, statt $\mathfrak{S}$ eine Variable $\vec{\sigma}$ zu benutzen, definiert durch

$$\mathfrak{S} = \frac{\hbar}{2}\,\vec{\sigma}, \qquad \vec{\sigma} = (\sigma_x, \sigma_y, \sigma_z). \tag{21.3}$$

Die Komponenten von $\vec{\sigma}$ sind dann den Vertauschungsregeln

$$[\sigma_x, \sigma_y] = 2i\,\sigma_z, \quad [\sigma_y, \sigma_z] = 2i\,\sigma_x, \quad [\sigma_z, \sigma_x] = 2i\,\sigma_y \tag{21.4}$$

zu unterwerfen. Wir skizzieren jetzt, wie man aus diesen Regeln (21.4) mit nur geringer Willkür eine bestimmte Darstellung des σ-Operators gewinnen kann.

Ist die z-Achse physikalisch ausgezeichnet, so wissen wir nach Obigem bereits, daß S_z die Eigenwerte $\pm\dfrac{\hbar}{2}$ haben kann. σ_z besitzt dann natürlich die Eigenwerte ± 1. Eine physikalische Größe mit nur zwei Eigenwerten aber stellt man am einfachsten als Matrix dar. In § 14 haben wir ja gesehen, daß die Eigenwerte einer physikalischen Größe in der dieser Größe zugeordneten Diagonalmatrix die Diagonalelemente bilden. Also können wir σ_z als Diagonalmatrix sofort hinschreiben:

$$\sigma_z = \begin{pmatrix} +1 & 0 \\ 0 & -1 \end{pmatrix}.$$

σ_x, σ_y müssen dann natürlich durch gleichartige Matrizen wie σ_z darstellbar sein; wir setzen deshalb an

$$\sigma_x = \begin{pmatrix} a_{11} & a_{12} \\ a_{21} & a_{22} \end{pmatrix}, \qquad \sigma_y = \begin{pmatrix} b_{11} & b_{12} \\ b_{21} & b_{22} \end{pmatrix}.$$

Die acht Unbekannten a_{ik}, b_{ik} kann man weitgehend aus den Regeln (21.4) bestimmen. Z. B. liefert die Gleichung $[\sigma_z, \sigma_x] = 2i\,\sigma_y$

$$b_{11} = b_{22} = 0, \quad a_{12} = i b_{12}, \quad a_{21} = -i b_{21};$$

ferner erhält man aus $[\sigma_y, \sigma_z] = 2i\,\sigma_x$

$$a_{11} = a_{22} = 0.$$

und schließlich aus $[\sigma_x, \sigma_y] = 2i\,\sigma_z$

$$a_{12}b_{21} - b_{12}a_{21} = 2i.$$

Kombiniert man alle diese Relationen noch mit der Forderung nach Hermitizität von σ_x, σ_y, so müssen σ_x, σ_y notwendig die Gestalt

$$\sigma_x = \begin{pmatrix} 0 & a \\ a^* & 0 \end{pmatrix}, \quad \sigma_y = \begin{pmatrix} 0 & -ia \\ ia^* & 0 \end{pmatrix}$$

haben, wobei a eine beliebige komplexe Zahl vom Betrag 1 sein darf. Zu den sog. *Paulischen Spinmatrizen* gelangt man endlich, indem man willkürlich $a = 1$ setzt; diese lauten also

$$\sigma_x = \begin{pmatrix} 0 & 1 \\ 1 & 0 \end{pmatrix}, \quad \sigma_y = \begin{pmatrix} 0 & -i \\ i & 0 \end{pmatrix}, \quad \sigma_z = \begin{pmatrix} 1 & 0 \\ 0 & -1 \end{pmatrix}. \tag{21.5}$$

Nachdem wir nun im Besitz der speziellen Darstellung (21.5) des Operators $\vec{\sigma}$ sind, können wir mit der Aufstellung der *Grundgleichung einer vorläufigen Theorie des Elektronenspins* beginnen. Diese Theorie wird wesentlich nichtrelativistisch sein und wird oft mit dem Namen *Paulis* verknüpft.
Wir gewinnen diese Gleichung, indem wir die Energiegleichung des entsprechenden klassischen Problems, $H = E$, in Operatorform überführen. Zu diesem Zweck benötigen wir nur noch die Gestalt der klassischen Hamilton-Funktion für die Bewegung eines Elektrons mit Spin im elektromagnetischen Feld. Die entsprechende Funktion für das Elektron ohne Spin kennen wir bereits (vgl. (19.3)); sie sei jetzt mit H_0 bezeichnet:

$$H_0 = \frac{1}{2M}\left(\mathfrak{p} - \frac{e}{c}\,\mathfrak{A}\right)^2 + eV.$$

Die einfachste Annahme über den Beitrag des Spins zur Gesamtenergie E ist die, daß sich das magnetische Spinmoment wie ein klassisches magnetisches Moment verhält. Dies wird ja durch den Stern-Gerlach-Effekt nahegelegt, und so ist es wohl auch in der Hypothese über den Elektronenspin gemeint gewesen. Dann existiert für die Bewegung des magnetischen Momentes $\vec{\mu}$ im Magnetfeld $\mathfrak{H}$ eine potentielle Energie V_{Sp}:

$$V_{\mathrm{Sp}} = -\vec{\mu} \cdot \mathfrak{H}. \tag{21.6}$$

Entsprechend (21.2) und (21.3) schreiben wir

$$\vec{\mu} = \frac{e\hbar}{2Mc}\vec{\sigma} = -\mu_B\vec{\sigma} \qquad V_{Sp} = +\mu_B\vec{\sigma}\cdot\mathfrak{H}.$$

Insgesamt ist dann

$$H = H_0 + V_{Sp} = \frac{1}{2M}\left(\mathfrak{p} - \frac{e}{c}\mathfrak{A}\right)^2 + eV - \vec{\mu}\cdot\mathfrak{H}. \qquad (21.7)$$

Die zu (21.7) gehörige verallgemeinerte Schrödinger-Gleichung ist natürlich

$$\left[\frac{1}{2M}\left(\frac{\hbar}{i}\,\mathrm{grad} - \frac{e}{c}\mathfrak{A}\right)^2 + eV + \mu_B\vec{\sigma}\cdot\mathfrak{H}\right]\psi = i\hbar\frac{\partial\psi}{\partial t}. \qquad (21.8)$$

Die mathematische Bedeutung der Gleichung (21.8) erkennt man aus den folgenden Überlegungen: $\vec{\sigma}$ in (21.8) hat die Komponenten (21.5). Eine Gleichung der Form (21.8) ist deshalb nur sinnvoll, wenn die Spinmatrizen ebenso wie die Differentialoperatoren grad und $\dfrac{\partial}{\partial t}$ auf etwas wirken können. *Folglich muß ψ neben seiner Abhängigkeit von $\mathfrak{r}$ und t noch Matrixcharakter besitzen.* Wir machen deshalb den Ansatz

$$\psi(\mathfrak{r}, t) = \begin{pmatrix} \psi_+(\mathfrak{r}, t) \\ \psi_-(\mathfrak{r}, t) \end{pmatrix}.$$

Die Elemente ψ_+, ψ_- dieser Spalte ψ sollen gewöhnliche Raum-Zeit-Funktionen sein. Natürlich hat man in allen Termen von (21.8) außer in V_{Sp} die Einheitsmatrix $\begin{pmatrix} 1 & 0 \\ 0 & 1 \end{pmatrix}$ zu ergänzen. (21.8) ist dann vom Typ der Matrixgleichung

$$\begin{pmatrix} a & b \\ c & d \end{pmatrix}\begin{pmatrix} x_1 \\ x_2 \end{pmatrix} = \begin{pmatrix} y_1 \\ y_2 \end{pmatrix}.$$

wofür man auch das System gewöhnlicher Gleichungen

$$ax_1 + bx_2 = y_1, \quad cx_1 + dx_2 = y_2$$

schreiben kann. Also ersetzt die Matrix-Differentialgleichung (21.8) ein System von zwei gekoppelten linearen Differentialgleichungen für die beiden Funktionen ψ_+ und ψ_-.
Die physikalische Bedeutung der Funktionen ψ_+, ψ_- erkennt man so: Die Spalte $\psi_1 = \begin{pmatrix} \psi_+ \\ 0 \end{pmatrix}$ ist Eigenfunktion von σ_z zum

Eigenwert $+1$. $\psi_2 = \begin{pmatrix} 0 \\ \psi_- \end{pmatrix}$ aber ist Eigenfunktion von σ_z zum Eigenwert -1. Im Zustand ψ_1 ist demnach der Eigendrehimpuls des Elektrons parallel, im Zustand ψ_2 antiparallel zur z-Achse eingestellt. Man spricht auch kurz davon, daß im Zustand ψ_1 bzw. ψ_2 der Spin des Elektrons parallel bzw. antiparallel zur z-Achse gerichtet sei. ψ_+, ψ_- sind dann mit der Wahrscheinlichkeit verknüpft, zu gegebener Zeit t am gegebenen Ort $\mathfrak{r}$ die Partikel mit parallelem bzw. antiparallelem Spin anzutreffen. Genauer ist $\psi_+^*(\mathfrak{r}, t)\, \psi_+(\mathfrak{r}, t)\, d^3\mathfrak{r}$ die Wahrscheinlichkeit, zur Zeit t im Volumelement $d^3\mathfrak{r}$ um $\mathfrak{r}$ das Elektron mit parallelem Spin vorzufinden. Entsprechendes gilt natürlich für ψ_-.

Die Theorie, deren Grundgleichung (21.8) darstellt, ist (wie oben angekündigt) wesentlich nichtrelativistisch. Sie ist es, weil sowohl H_0 als auch V_{Sp} nur für langsam bewegte bzw. ruhende Teilchen gültig sind. In V_{Sp} könnte man einen Teil der relativistisch notwendigen Korrekturen anbringen, indem man beachtet, daß auf ein mit der Geschwindigkeit $\mathfrak{v}$ in einem elektrischen Feld $\mathfrak{E}$ bewegtes Teilchen außer dem im Bezugssystem (relativ zu dem $\mathfrak{v}$ definiert ist) gemessenen Magnetfeld $\mathfrak{H}$ noch ein Feld $-\left(\dfrac{\mathfrak{v}}{c} \times \mathfrak{E}\right)$ wirkt. Dieses zusätzliche Feld könnte man als scheinbares Magnetfeld bezeichnen; die Summe $\mathfrak{H} - \dfrac{\mathfrak{v}}{c} \times \mathfrak{E}$ ist das effektiv auf den ruhenden magnetischen Dipol wirkende Feld. In dieser Näherung wäre also $V_{\mathrm{Sp}} = -\vec{\mu} \cdot \left(\mathfrak{H} - \dfrac{\mathfrak{v}}{c} \times \mathfrak{E}\right)$ zu schreiben. Leitet man aber das Zusatzglied $\sim \dfrac{\mathfrak{v}}{c}$ aus der streng relativistischen Dirac-Gleichung (vgl. § 23) durch Grenzübergang ab, so erscheint noch ein Faktor $\dfrac{1}{2}$ vor $\dfrac{\mathfrak{v}}{c} \times \mathfrak{E}$. Man nennt dies die *Thomas-Korrektur*. Der Ausdruck

$$V_{\mathrm{Sp}} = -\vec{\mu} \cdot \left(\mathfrak{H} - \frac{1}{2}\frac{\mathfrak{v}}{c} \times \mathfrak{E}\right) \tag{21.9}$$

statt (21.6) gestattet dann in Verbindung mit (21.8) etwas weitergehende Anwendungen der nichtrelativistischen Theorie des Elektronenspins. Wir kommen auf solche Anwendungen sogleich zurück.

§ 22. Einige Folgerungen aus der Paulischen Theorie des Elektronenspins

Zunächst wollen wir uns überlegen, wie auf Grund von (21.8) die Energieniveaus eines Elektrons im Magnetfeld durch die Existenz des Elektronenspins abgeändert werden. Als bekannt setzen wir also die Lösungen der Gleichung

$$(H_0 - E_0)\,\varphi = 0 \tag{22.1}$$

voraus (H_0 gemäß (21.7)) und suchen die Lösungen von

$$\left(H_0 + \mu_B\,\vec{\sigma}\cdot\mathfrak{H} - i\hbar\,\frac{\partial}{\partial t}\right)\psi = 0. \tag{22.2}$$

Das Magnetfeld soll homogen sein und in z-Richtung liegen: $\mathfrak{H} = (0, 0, H_z)$. Weil $\sigma_z = \begin{pmatrix} +1 & 0 \\ 0 & -1 \end{pmatrix}$ eine Diagonalmatrix und $H_y = H_x = 0$ ist, zerfällt (22.2) in zwei ungekoppelte Differentialgleichungen:

$$\left(H_0 + \mu_B H_z - i\hbar\,\frac{\partial}{\partial t}\right)\psi_+ = 0, \quad \left(H_0 - \mu_B H_z - i\hbar\,\frac{\partial}{\partial t}\right)\psi_- = 0. \tag{22.3}$$

Da H_0 und H_z zeitlich konstant sein sollen, führen die Ansätze $\psi_+ = e^{-\frac{i}{\hbar}E_+ t}\,\varphi_+(\mathfrak{r})$, $\psi_- = e^{-\frac{i}{\hbar}E_- t}\,\varphi_-(\mathfrak{r})$ auf die zeitunabhängigen Gleichungen $(H_0 + \mu_B H_z - E_+)\,\varphi_+ = 0$, $(H_0 - \mu_B H_z - E_-)\,\varphi_- = 0$. Die Substitution $E_+ - \mu_B H_z = E_0$ bzw. $E_- + \mu_B H_z = E_0$ führt dann beide Gleichungen auf die Form

$$(H_0 - E_0)\begin{pmatrix}\varphi_+\\ \varphi_-\end{pmatrix} = 0$$

zurück. Das bedeutet, daß die Lösungen φ_+, φ_- mit φ aus (22.1) übereinstimmen, daß aber die stationären Energieniveaus verändert werden:

$$E_+ = E_0 + \mu_B H_z, \quad E_- = E_0 - \mu_B H_z. \tag{22.4}$$

Durch die Existenz des Elektronenspins wird das Niveau E_0 also in zwei Niveaus aufgespalten, deren eines um den Betrag $\mu_B H_z$ über, deren anderes um denselben Betrag unter E_0 liegt. Dem ersten Niveau ist die Funktion ψ_+ mit zur z-Achse parallelem Spin, dem anderen ψ_- mit zur z-Achse antiparallelem Spin zugeordnet.

Formel (22.4) liefert ersichtlich genau das, was wir im *Stern-Gerlach-Versuch* der Alkali-Atome usw. beobachten: Ablenkung des einen Teiles (ψ_-) der Atome in Richtung wachsender Feldstärke H_z, Ablenkung des anderen Teiles der Atome (ψ_+) in Richtung abnehmender Feldstärke. Auch quantitativ führt die Paulische Theorie auf die richtige Größe der Ablenkung.[1]

Formel (22.4) bildet ferner (zusammen mit (19.6)) die Grundlage der Theorie des *Zeeman-Effektes* der Atome mit einem Valenzelektron. Den Zeeman-Effekt dieser Atome nennt man bekanntlich *anomal* insofern, als (19.6) allein nicht das beobachtete Termspektrum liefert. Zufolge (22.4) spaltet jeder der ohne Spin erhaltenen Terme nochmals in zwei Komponenten auf, deren Abstand voneinander $2\mu_B H_z$ beträgt. Beachtet man noch die entsprechenden Auswahlregeln, auf die wir hier nicht eingehen können, so entsteht genau das im Magnetfeld beobachtete Liniensystem.

Die durch (21.9) erweiterte Gleichung (21.8) ermöglicht weiterhin ein zwangloses Verständnis des *Dublett-Charakters* der Alkali- und Wasserstoff-Terme in folgender Weise: Auf ein Valenzelektron im Atom wirkt das elektrostatische Feld $\mathfrak{E}$ des Atomrumpfes nicht nur vermittels des Potentials V $(\mathfrak{E} = - \operatorname{grad} V)$, sondern auch direkt über das Glied $\frac{\mathfrak{v}}{c} \times \mathfrak{E}$ in (21.9). Diese zweite Einwirkung des elektrischen Feldes auf die Bewegung des Valenzelektrons war früher natürlich nicht beachtet worden. Man macht sich leicht klar, daß dieser Term die zu ψ_+ bzw. ψ_- gehörigen Energien ein wenig gegeneinander verschiebt, wobei die auftretende Energiedifferenz noch von der Nebenquantenzahl l des betreffenden Elektronenzustandes abhängt. Für s-Terme verschwindet die Differenz, die beiden Komponenten des Dubletts fallen zusammen; dies ist in Übereinstimmung mit der Erfahrung.

Am Rande sei hier folgende Bemerkung eingeflochten: Eine beliebige Spalte $\psi = \begin{pmatrix} \psi_+ \\ \psi_- \end{pmatrix}$ kann auch in der Form

$$\psi = \alpha\psi_+ + \beta\psi_-$$

geschrieben werden, wenn α und β die beiden speziellen Spalten $\alpha = \begin{pmatrix} 1 \\ 0 \end{pmatrix}$,

---

[1] Man kann dabei durchaus mit homogenem Magnetfeld arbeiten, weil die Inhomogenität innerhalb einer Atomdimension vernachlässigbar ist.

$\beta = \begin{pmatrix} 0 \\ 1 \end{pmatrix}$ bedeuten. Offensichtlich sind α und β Eigenfunktionen von σ_z zu den Eigenwerten $+1$ bzw. -1, gehören also zu parallelem bzw. antiparallelem Spin relativ zur z-Achse. Oft ist der Term proportional zu $\vec{\sigma}$ in (21.8) vernachlässigbar klein oder exakt Null; dann kann man die Lösungen von (21.8) immer in der Form schreiben

$$\psi(\mathfrak{r}, t) = (c_1 \alpha + c_2 \beta)\, \psi_0(\mathfrak{r}, t) = \eta\, \psi_0(\mathfrak{r}, t),$$

wo ψ_0 eine gewöhnliche Raum–Zeit-Funktion bedeutet. Die Spinabhängigkeit von ψ ist nur im ersten Faktor η enthalten. Dort bedeuten $c_1^* c_1$ bzw. $c_2^* c_2$ die Wahrscheinlichkeiten, das Elektron mit parallelem bzw. antiparallelem Spin anzutreffen. Für manche Zwecke ist es übrigens nützlich, statt der Spalte $\psi = \begin{pmatrix} \psi_+ \\ \psi_- \end{pmatrix}$ eine gewöhnliche Funktion ψ einzuführen, die noch von einer weiteren Variablen s, der Spinvariablen, abhängt: $\psi = \psi(\mathfrak{r}, t, s)$. s hat dann als zulässigen Wertebereich nur zwei diskrete Zahlen, etwa $+1$ und -1. Der Zusammenhang mit obiger ψ-Spalte wird hergestellt durch die Festsetzungen

$$\psi(\mathfrak{r}, t, +1) \equiv \psi_+(\mathfrak{r}, t), \quad \psi(\mathfrak{r}, t, -1) \equiv \psi_-(\mathfrak{r}, t).$$

Wir haben bisher die Theorie des Elektronenspins nur für den Einelektronen-Fall entwickelt. Natürlich kann man alles bisherige auch auf den *Mehrelektronen-Fall* übertragen. Es ergibt sich dann ein zwangloses Verständnis des Zeeman-Effektes, des Stern-Gerlach-Versuches und der Multiplett-Struktur der Terme von Atomen mit mehr als einem Valenzelektron. Wir gehen auf diese Ausdehnung der Paulischen Theorie jedoch nicht mehr ein und wollen abschließend lediglich einen Punkt aus dieser Theorie für mehrere Elektronen mit Spin hervorheben, da er von prinzipieller Bedeutung ist: Es handelt sich um eine Verschärfung und eine *allgemeinere Fassung des Pauli-Prinzips.*
Wir erläutern diesen Gegenstand am Beispiel der zweielektronigen Atome, die wir in § 17 schon kurz diskutiert haben. Dort war gezeigt worden, wie aus der Symmetrie des Hamilton-Operators gegen Vertauschung der Ortskoordinaten $\mathfrak{r}_1$, $\mathfrak{r}_2$ der beiden Teilchen folgt, daß die Eigenfunktionen dieses Operators, $\psi(\mathfrak{r}_1, \mathfrak{r}_2)$, entweder symmetrisch oder antisymmetrisch gegen Vertauschung sind: $\psi(\mathfrak{r}_1, \mathfrak{r}_2) = + \psi(\mathfrak{r}_2, \mathfrak{r}_1)$ oder $\psi(\mathfrak{r}_1, \mathfrak{r}_2) = - \psi(\mathfrak{r}_2, \mathfrak{r}_1)$. Der in der Pauli-Gleichung für zwei Elektronen auftretende Hamilton-Operator muß natürlich auch symmetrisch sein gegen Vertauschung der Koordinaten der beiden identischen Teilchen; aber zu den Ortskoordinaten ist jetzt die Spinvariable hinzugekommen. Die Symmetrie existiert i. allg. nur bei gleichzeitiger Vertauschung

von Orts- und Spinkoordinaten. Daraus folgt natürlich auf dieselbe Weise wie früher, daß die Eigenfunktionen dieses Hamilton-
Operators entweder symmetrisch oder antisymmetrisch gegen
Vertauschung von Orts- und Spinkoordinaten der beiden Teilchen sind.

Die angekündigte allgemeine Fassung des Pauli-Prinzips lautet nun:

*In der Natur kommen nur solche Zustände für Elektronen vor,
deren Eigenfunktionen gegen Vertauschung sämtlicher Koordinaten zweier Elektronen antisymmetrisch sind. Die symmetrischen
Eigenfunktionen kommen in der Natur nicht vor.*

In dieser Form gilt das Prinzip ganz allgemein für Systeme mit
beliebig vielen Elektronen. Wir überzeugen uns zunächst davon,
daß die ältere, in § 18 formulierte Fassung des Pauli-Prinzips in
obiger enthalten ist. Die ältere Formulierung benutzte wesentlich die Näherung, in der die Gesamteigenfunktion mehrerer
Elektronen sich aus Produkten von Einelektronen-Funktionen
zusammensetzt. Befinde sich etwa ein Elektron im Zustand
$\varphi_n(\mathfrak{r}_1)\,\eta_n(1)$, ein zweites im Zustand $\varphi_m(\mathfrak{r}_2)\,\eta_m(2)$ und ein drittes
im Zustand $\varphi_l(\mathfrak{r}_3)\,\eta_l(3)$, so lautet die in der Natur vorkommende
antisymmetrische Kombination der drei Funktionen

$$\psi = \begin{vmatrix} \varphi_n(\mathfrak{r}_1)\,\eta_n(1) & \varphi_n(\mathfrak{r}_2)\,\eta_n(2) & \varphi_n(\mathfrak{r}_3)\,\eta_n(3) \\ \varphi_m(\mathfrak{r}_1)\,\eta_m(1) & \varphi_m(\mathfrak{r}_2)\,\eta_m(2) & \varphi_m(\mathfrak{r}_3)\,\eta_m(3) \\ \varphi_l(\mathfrak{r}_1)\,\eta_l(1) & \varphi_l(\mathfrak{r}_2)\,\eta_l(2) & \varphi_l(\mathfrak{r}_3)\,\eta_l(3) \end{vmatrix}.$$

Als Determinante (meist *Slater-Determinante* genannt) hat die
Funktion ψ natürlich die geforderten Symmetrieeigenschaften.
Es sei nun speziell $\varphi_n(\mathfrak{r}) \equiv \varphi_m(\mathfrak{r})$. Dann muß notwendig $\eta_n \neq \eta_m$
sein, sonst ist $\psi \equiv 0$, und der Zustand kommt in der Natur nicht
vor. Will man $\psi \neq 0$, so hat man etwa $\eta_n = \alpha$, $\eta_m = \beta$ zu setzen.
Zwei Elektronen im gleichen Quantenzustand ihrer räumlichen
Eigenfunktionen müssen also notwendig verschiedene Spinfunktionen besitzen.[1] Drei Elektronen können sich aber nicht im gleichen (unentarteten) räumlichen Quantenzustand befinden. Wenn
nämlich $\varphi_n \equiv \varphi_m \equiv \varphi_l$ wäre, so müßten alle drei Spinfunktionen
η_n, η_m, η_l voneinander verschieden sein, damit $\psi \neq 0$. Es gibt
aber nur zwei linear unabhängige Spinfunktionen α und β für

---

1) Die räumlichen Eigenfunktionen φ_n, φ_m, φ_l sollen nicht entartet sein!

ein Elektron, also kommt ein solcher Zustand in der Natur nicht vor. Dies aber war gerade die Behauptung der älteren Form des Pauli-Prinzips.

Daß die obige Neufassung dieses Prinzips auch eine Verschärfung darstellt, sieht man schon daran, daß eine Aussage über die relative Spinstellung zweier Elektronen in gleicher räumlicher Eigenfunktion in ihr enthalten ist. Deutlicher wird dies noch beim Zweielektronen-Problem. In einer gewissen Näherung kann man dort die Gesamteigenfunktion in der Form $\eta\,(1,\,2)\,\varphi\,(\mathfrak{r}_1,\,\mathfrak{r}_2)$ schreiben, und es muß entweder die Spinfunktion η oder die Ortsfunktion φ antisymmetrisch bzw. symmetrisch gegen Vertauschung der betreffenden Variablen sein. Die symmetrischen φ gehören aber im Falle des He-Atoms dem Parhelium-, die antisymmetrischen φ dem Orthohelium-Termsystem an. Auf Grund des Pauli-Prinzips können wir jetzt sagen, welche Spinstellungen zu diesen beiden Termsystemen gehören. Die antisymmetrische Spinfunktion kann nämlich nur

$$\eta\,(1,\,2) = \alpha\,(1)\,\beta\,(2) - \alpha\,(2)\,\beta\,(1)$$

sein, während es 3 symmetrische Spinfunktioner. für 2 Elektronen gibt:

$$\eta\,(1,\,2) = \alpha\,(1)\,\alpha\,(2) \ \text{oder} = \beta\,(1)\,\beta\,(2) \ \text{oder} = \alpha\,(1)\,\beta\,(2) + \alpha\,(2)\,\beta\,(1).$$

Man kann sich klarmachen, daß die antisymmetrische Spinfunktion einer antiparallelen Orientierung der beiden Spins relativ zueinander entspricht. Die 3 symmetrischen η-Funktionen gehören dagegen zu den 3 möglichen Einstellungen (relativ zur z-Achse) der parallel zueinander orientierten Spins.

Auf diese Weise wird die *Multiplettstruktur* der betreffenden Terme klar: Die Multiplettaufspaltung rührt her von der Einwirkung des elektrischen Atomfeldes auf den resultierenden Spin der beiden Elektronen, ähnlich wie wir dies im Einelektronen-Fall oben diskutierten. Den 3 symmetrischen η-Funktionen entsprechen verschiedene Richtungen des resultierenden Spins, also verschiedene Energien: Es liegt ein Triplett-System vor. Das Parhelium-Termsystem aber ist ein Singulett-System, weil kein Elektronenspin in seinen Zuständen resultiert. Ähnliche Überlegungen können natürlich für kompliziertere Atome angestellt werden und führen zum Verständnis der dort auftretenden Multipletts.

§ 23. Die Dirac-Gleichung

Die bis jetzt in diesem Bändchen dargestellte Quantenmechanik ist nur gültig im Bereich kleiner Geschwindigkeiten der Partikel (verglichen mit der Lichtgeschwindigkeit). Sie entspricht ja der nichtrelativistischen Mechanik. Man weiß aber, daß die Elektronen im Atom z. B. Geschwindigkeiten erreichen, die relativ zur Lichtgeschwindigkeit durchaus nicht klein sind. Folglich ist es notwendig, eine *relativistische Quantenmechanik* zu entwickeln. Wir wollen uns bei der Darstellung dieser Entwicklung auf den kräftefreien Fall beschränken.

Die Aufstellung der nichtrelativistischen Schrödinger-Gleichung läßt sich in diesem Falle nach unseren bisherigen Kenntnissen am einfachsten so vornehmen:

Man gehe aus von der Energiegleichung $E = \dfrac{\mathfrak{p}^2}{2\,m}$, fasse sie als Operatorgleichung $\boldsymbol{E} = \dfrac{\mathfrak{p}^2}{2\,m}$ auf, in der

$$\boldsymbol{E} = i\hbar\,\frac{\partial}{\partial t}, \qquad \mathfrak{p} = \frac{\hbar}{i}\,\mathrm{grad} \tag{23.1}$$

bedeuten, so daß die zugeordnete Differentialgleichung

$$i\hbar\,\frac{\partial\psi}{\partial t} = -\frac{\hbar^2}{2\,m}\,\Delta\psi$$

lautet. Es liegt natürlich nahe, zur Aufstellung der Grundgleichung einer relativistischen Quantenmechanik von der betreffenden klassischen Energiebeziehung

$$E^2 = c^2\,\mathfrak{p}^2 + m^2\,c^4 \tag{23.2}$$

auszugehen ($c = $ Lichtgeschwindigkeit) und die kanonischen Vertauschungsregeln (16.1) beizubehalten, so daß auch (23.1) erhalten bleibt. Die (23.2) zugeordnete Differentialgleichung lautet dann

$$-\hbar^2\,\frac{\partial^2\psi}{\partial t^2} = -\hbar^2 c^2\,\Delta\psi + m^2 c^4\psi \tag{23.3}$$

und geht auf *Schrödinger* zurück.

Bei der Durchführung einer auf (23.3) begründeten Quantenmechanik stößt man jedoch auf einige Schwierigkeiten. Zunächst ist nicht mehr $\psi(t)$ durch $\psi(t_0)$ und (23.3) eindeutig bestimmt wie früher, sondern $\psi(t)$ wird z.B. erst durch $\psi(t_0)$, $\left.\left|\dfrac{\partial \psi}{\partial t}\right|\right._{t=t_0}$ und (23.3) festgelegt. Weiter läßt sich kein in ψ bilinearer Ausdruck finden, der als Wahrscheinlichkeitsdichte aufgefaßt werden könnte. Ferner gelten die Erhaltungssätze nicht mehr in der früheren Form (Kommutativität mit H war wesentlich). Kurz: Eine Quantenmechanik auf der Basis von (23.3) hätte, verglichen mit der nichtrelativistischen Theorie, eine ganze Reihe von wesentlich anderen Zügen.

Dies veranlaßte *Dirac*, nach einer anderen Grundgleichung für eine relativistische Quantenmechanik zu suchen, welche die erwähnten Schwierigkeiten nicht mit sich brachte.[1]) Und zwar versuchte *Dirac*, die Grundgleichung wieder in der Form

$$i\hbar\,\frac{\partial \psi}{\partial t} = H\psi \qquad (23.4)$$

zu schreiben, wo jetzt H der aus der relativistischen Hamilton-Funktion

$$H = +\sqrt{c^2\,\mathfrak{p}^2 + m^2 c^4}$$

hervorgehende Operator sein sollte. Es lautete also (23.4) ausführlich geschrieben

$$i\hbar\,\frac{\partial \psi}{\partial t} = +\sqrt{-\hbar^2 c^2\,\Delta + m^2 c^4}\;\psi. \qquad (23.5)$$

Die letzte Gleichung ist aber offensichtlich nicht invariant gegenüber Lorentz-Transformationen: Die räumlichen und zeitlichen Ableitungen sind in dieser Gleichung nicht gleichberechtigt enthalten. Eine lorentzinvariante Gleichung könnte man aber evtl. aus (23.4) erhalten, wenn sich die Wurzel $H = +\sqrt{c^2\,\mathfrak{p}^2 + m^2 c^4}$ in der Form

$$H = c\,\vec{\alpha}\cdot\mathfrak{p} + \beta\,mc^2 \qquad (23.6)$$

schreiben ließe. Gleichung (23.4) lautete dann explizit

$$i\hbar\,\frac{\partial \psi}{\partial t} = \left(\frac{\hbar}{i}\,c\,\vec{\alpha}\cdot\mathrm{grad} + \beta\,mc^2\right)\psi. \qquad (23.7)$$

Ob eine Gleichung der Form (23.7) richtig ist, hängt natürlich davon ab, ob es Größen $\vec{\alpha}$, β gibt, welche die Bedingung

$$(c\,\vec{\alpha}\,\mathfrak{p} + \beta\,mc^2)^2 = c^2\,\mathfrak{p}^2 + m^2 c^4 \qquad (23.8)$$

---

1) Es sei darauf hingewiesen, daß (23.3) heute als Grundgleichung der Quantenfeldtheorie der Mesonen eine große Rolle spielt. Als Grundgleichung einer Quantenmechanik ist sie aber ungeeignet.

erfüllen. Tatsächlich zeigt die Rechnung, daß sich (23.8) befriedigen läßt, wenn die Größen $\vec{\alpha} = (\alpha_x, \alpha_y, \alpha_z)$ und β den Beziehungen

$$\left. \begin{array}{c} \alpha_x{}^2 = \alpha_y{}^2 = \alpha_z{}^2 = \beta^2 = 1, \\[2mm] \alpha_x\,\alpha_y + \alpha_y\,\alpha_x = \alpha_y\,\alpha_z + \alpha_z\,\alpha_y = \alpha_z\,\alpha_x + \alpha_x\,\alpha_z = 0, \\[2mm] \alpha_x\beta + \beta\alpha_x = \alpha_y\beta + \beta\alpha_y = \alpha_z\beta + \beta\alpha_z = 0 \end{array} \right\} \quad (23.9)$$

und ferner $\qquad\qquad [\alpha_i, p_j] = 0, \; [\beta, p_j] = 0$

unterworfen werden. Die Gleichungen (23.9) lassen sich natürlich durch gewöhnliche Zahlen nicht erfüllen; $\vec{\alpha}$, β müssen mindestens Matrizen 4. Ordnung sein. Ein einfaches, vielbenutztes Lösungssystem dieser Gleichungen ist

$$\left. \begin{array}{cc} \alpha_x = \begin{pmatrix} 0 & 0 & 0 & 1 \\ 0 & 0 & 1 & 0 \\ 0 & 1 & 0 & 0 \\ 1 & 0 & 0 & 0 \end{pmatrix}, & \alpha_y = \begin{pmatrix} 0 & 0 & 0 & -i \\ 0 & 0 & i & 0 \\ 0 & -i & 0 & 0 \\ i & 0 & 0 & 0 \end{pmatrix}, \\[8mm] \alpha_z = \begin{pmatrix} 0 & 0 & 1 & 0 \\ 0 & 0 & 0 & -1 \\ 1 & 0 & 0 & 0 \\ 0 & -1 & 0 & 0 \end{pmatrix}, & \beta = \begin{pmatrix} 1 & 0 & 0 & 0 \\ 0 & 1 & 0 & 0 \\ 0 & 0 & -1 & 0 \\ 0 & 0 & 0 & -1 \end{pmatrix}. \end{array} \right\} \quad (23.10)$$

Damit (23.7) mit diesen $\vec{\alpha}$, β sinnvoll ist, muß ψ ähnlich wie in § 21 eine Spalte sein, die aber diesmal 4 Elemente enthält:

$$\psi = \begin{pmatrix} \psi_1 \\ \psi_2 \\ \psi_3 \\ \psi_4 \end{pmatrix}$$

ψ_1, ψ_2, ψ_3, ψ_4 sind gewöhnliche Raum–Zeit–Funktionen, und (23.7) stellt nichts anderes dar als ein System von 4 gekoppelten Differentialgleichungen für die 4 Funktionen $\psi_1, \ldots, \psi_4$. (23.7) in Verbindung mit (23.9) bzw. (23.10) nennt man *Dirac-Gleichung*. Sieht man diese Gleichung als Grundgleichung einer relativistischen Quantenmechanik an, so hat man zunächst den Vorteil, daß (23.7) die Form (23.4) besitzt. Ferner gibt es eine bilinear aus ψ gebildete Größe ϱ, die als Wahrscheinlichkeitsdichte gedeutet werden kann.

Als eine solche Größe hat sich $\varrho = \psi^* \psi$ erwiesen. Hier muß, damit ϱ eine gewöhnliche Zahl wird, $\psi^* = (\psi_1^* \, \psi_2^* \, \psi_3^* \, \psi_4^*)$ sein, also

$$\varrho = \sum_{n=1}^{4} \psi_n^* \, \psi_n \, .$$

Dieses ϱ ist ersichtlich positiv definit.

Daß für ϱ auch ein Erhaltungssatz existiert, sei nur erwähnt. Und zwar folgt mit der Dichte des Wahrscheinlichkeitsstromes $\mathfrak{i} = c\,\psi^* \, \vec{\alpha}\,\psi$ aus (23.7) die Kontinuitätsgleichung

$$\frac{\partial \varrho}{\partial t} + \operatorname{div} \mathfrak{i} = 0 \tag{23.11}$$

Mit diesen Vorzügen der Diracschen Theorie ist allerdings auch ein großer Nachteil verknüpft: Die Grundgleichung (23.7) ist bedeutend komplizierter gebaut als (23.3). Die Komplikation liegt natürlich vor allem darin, daß wir es jetzt mit einem System von 4 gekoppelten Differentialgleichungen zu tun haben. Das Auftreten der 4 Funktionen $\psi_1, \ldots, \psi_4$ ist, wie sich gezeigt hat, wesentlich damit verknüpft, daß die durch (23.7) beschriebene Partikel mehr Freiheitsgrade besitzt als ein nichtrelativistisches Teilchen ohne Spin: Seine Energie E kann bei gegebenem Impuls $\mathfrak{p}$ gemäß (23.2) noch positiv oder negativ sein, und es besitzt außerdem die in den vorigen Paragraphen nichtrelativistisch erörterte Eigenschaft des Spins. Wir wollen uns dies an einer kleinen Rechnung etwas klarmachen.

Es seien spezielle Lösungen von (23.7) der Form

$$\psi = \begin{pmatrix} v_1 \\ v_2 \\ v_3 \\ v_4 \end{pmatrix} e^{\frac{i}{\hbar}(\mathfrak{p}\mathfrak{r} - Et)} \tag{23.12}$$

gesucht, also ebene Wellen. Einsetzen des Ansatzes (23.12) in (23.7) liefert das folgende Gleichungssystem für die Unbekannten v_1, v_2, v_3, v_4:

$$(mc^2 - E)\,v_1 + cp_z v_3 + c\,(p_x - ip_y)\,v_4 = 0\,.$$

$$(mc^2 - E)\,v_2 + c\,(p_x + ip_y)\,v_3 - cp_z v_4 = 0\,,$$

$$-\,(mc^2 + E)\,v_3 + cp_z v_1 + c\,(p_x - ip_y)\,v_2 = 0\,,$$

$$-\,(mc^2 + E)\,v_4 + c\,(p_x + ip_y)\,v_1 - cp_z v_2 = 0\,.$$

Damit dieses homogene System nichttriviale Lösungen besitzt, muß die Koeffizientendeterminante verschwinden; man erhält so

$$(E^2 - m^2c^4 - c^2\mathfrak{p}^2)^2 = 0.$$

Dies ist gerade die Energiegleichung (23.2) mit den Lösungen

$$E = \pm \sqrt{c^2\mathfrak{p}^2 + m^2c^4}. \qquad (23.13)$$

Zu jedem der beiden E (bei festem $\mathfrak{p}$) gibt es noch zwei verschiedene Lösungssysteme, nämlich (bis auf einen Normierungsfaktor) zu $E_+ = + \sqrt{c^2\mathfrak{p}^2 + m^2c^4}$:

$$v_1 = 1, \quad v_2 = 0, \quad v_3 = \frac{c\,p_z}{E_+ + m\,c^2}, \quad v_4 = \frac{c\,(p_x + i\,p_y)}{E_+ + m\,c^2},$$

$$v_1 = 0, \quad v_2 = 1, \quad v_3 = \frac{c\,(p_x - i\,p_y)}{E_+ + m\,c^2}, \quad v_4 = -\frac{c\,p_z}{E_+ + m\,c^2}$$

und zu $E_- = - \sqrt{c^2\mathfrak{p}^2 + m^2c^4}$:

$$v_1 = -\frac{c\,p_z}{-E_- + m\,c^2}, \quad v_2 = -\frac{c\,(p_x + i\,p_y)}{-E_- + m\,c^2}, \quad v_3 = 1, \quad v_4 = 0,$$

$$v_1 = -\frac{c\,(p_x - i\,p_y)}{-E_- + m\,c^2}, \quad v_2 = \frac{c\,p_z}{-E_- + m\,c^2}, \quad v_3 = 0, \quad v_4 = 1.$$

$$(23.14)$$

Im nichtrelativistischen Grenzfall ($|E| \approx mc^2$, $\mathfrak{p} = m\mathfrak{v}$, $|\mathfrak{v}| \ll c$) nehmen die eben erhaltenen v_i-Spalten genähert sehr einfache Gestalt an:

$$\begin{pmatrix} 1 \\ 0 \\ 0 \\ 0 \end{pmatrix}, \quad \begin{pmatrix} 0 \\ 1 \\ 0 \\ 0 \end{pmatrix}, \quad \begin{pmatrix} 0 \\ 0 \\ 1 \\ 0 \end{pmatrix}, \quad \begin{pmatrix} 0 \\ 0 \\ 0 \\ 1 \end{pmatrix}.$$

Ersichtlich haben sie große Ähnlichkeit mit den Spinfunktionen α und β, die im § 22 eingeführt wurden. Es liegt deshalb die Vermutung nahe, daß die beiden, zu gleichem Vorzeichen der Energie gehörigen Lösungen von (23.7) zu den beiden möglichen Spinrichtungen der Partikel gehören. Diese Vermutung kann man auf folgende Weise als zutreffend erkennen: Man erweitere die Dirac-Gleichung auf den Fall der Anwesenheit von elektromagnetischen Feldern. Dies ist willkürfrei möglich. Mit der so erhaltenen Gleichung führe man den Grenzübergang zum nichtrelativistischen Fall aus. Man gelangt auf diese Weise genau auf die Pauli-Gleichung (21.8) und nicht etwa auf die Schrödinger-

Gleichung; d. h., *der Spin* der Partikel (Elektron) *ist in der Dirac-schen Theorie organisch enthalten.*[1])

Zu gegebenem Impuls $\mathfrak{p}$ gibt es also 4 linear unabhängige Lösungen (23.14) der kräftefreien Dirac-Gleichung, die man durch einen neuen Index $s = 1, 2, 3, 4$ unterscheiden kann:

$$\psi(\mathfrak{r}, t) = \begin{pmatrix} v_1{}^s \\ v_2{}^s \\ v_3{}^s \\ v_4{}^s \end{pmatrix} \cdot e^{\frac{i}{\hbar}(\mathfrak{p}\mathfrak{r} - E^s t)}.$$

Werden die Zahlen $s = 1, \ldots, 4$ den Lösungen (23.14) in der dortigen Reihenfolge zugeordnet, so entsprechen die Lösungen folgendem Tatbestand:

s	1	2	3	4
Energie	>0	>0	<0	<0
Spin	$\uparrow\uparrow z$	$\downarrow\uparrow z$	$\uparrow\uparrow z$	$\downarrow\uparrow z$

Es soll nun noch eine andere Schreibweise der Dirac-Gleichung angegeben werden, die im Teil II benutzt wird.

Die bekannte Form

$$\left(i\hbar \frac{\partial}{\partial t} + i\hbar c\, \vec{\alpha} \cdot \text{grad} - \beta m c^2 \right) \psi = 0$$

dieser Gleichung multiplizieren wir von links mit $\left(-\frac{1}{\hbar c} \beta \right)$.

Dann entsteht $\left(\beta \frac{\partial}{ic\,\partial t} - i\beta \vec{\alpha} \cdot \text{grad} + \frac{mc}{\hbar} \right) \psi = 0$.

Definieren wir $\quad -i\beta \vec{\alpha} = \vec{\gamma}, \quad \frac{mc}{\hbar} = K,$

so erhalten wir $\left(\beta \frac{\partial}{ic\,\partial t} + \vec{\gamma} \cdot \text{grad} + K \right) \psi = 0.$ (23.15)

Führen wir jetzt die in der Relativitätstheorie übliche Abkürzung für den vierdimensionalen Gradienten $\frac{\partial}{\partial x_\mu} = \left(\text{grad}, \frac{\partial}{ic\,\partial t} \right)$ (μ läuft von 1 über 2, 3 bis 4) sowie das vierdimensionale Gebilde

---

1) Führt man dasselbe übrigens mit (23.3) durch, so gelangt man im nicht-relativistischen Grenzfall zur einfachen Schrödinger-Gleichung, woraus man schließt, daß (23.3) eine Partikel ohne Spin relativistisch beschreibt.

$\gamma_\mu = (\vec{\gamma}, \beta)$ ein, so nimmt die Dirac-Gleichung die folgende einfachere Form an:

$$\left(\sum_{\mu=1}^{4} \gamma_\mu \frac{\partial}{\partial x_\mu} + K \right) \psi = 0 . \qquad (23.16)$$

Diese Form ist besonders nützlich, wenn man die relativistische Invarianz der Dirac-Gleichung diskutieren will. Wir gehen darauf jedoch nicht weiter ein, sondern weisen nur darauf hin, daß die fragliche Invarianz dann besteht, wenn die γ_μ bzw. ψ bei Lorentz-Transformationen der x_μ ebenfalls gewisse Transformationen erfahren.

Auch für die Diskussion der relativistischen Eigenschaften der Größen ϱ und $\mathfrak{j}$ ist es nützlich, eine andere Schreibweise als obige einzuführen. Statt mit ψ^* arbeitet man mit $\overline{\psi} = i\psi^* \beta$. Dann ist

$$\varrho = \psi^* \psi = - i\overline{\psi}\beta\psi = \frac{\overline{\psi}\gamma_4\psi}{i} ,$$

ferner

$$\mathfrak{j} = c\psi^* \vec{\alpha}\,\psi = - ic\overline{\psi}\beta\vec{\alpha}\psi = c\overline{\psi}\vec{\gamma}\,\psi .$$

Formal kann man also die vierkomponentige Größe

$$j_\mu = \overline{\psi}\gamma_\mu\psi = \left(\frac{\mathfrak{j}}{c}, i\varrho \right)$$

einführen. Obige Kontinuitätsgleichung lautet dann einfach

$$\sum_{\mu=1}^{4} \frac{\partial}{\partial x_\mu} j_\mu = 0 .$$

Die genauere Diskussion der Transformationseigenschaften der γ_μ und ψ zeigt, daß j_μ wirklich ein Vierervektor im Sinne der speziellen Relativitätstheorie ist. Übrigens befriedigen die γ_μ auf Grund ihrer Definition die gleichen Bedingungen (23.9) wie die $\vec{\alpha}, \beta$, die man kurz auch in folgender Form schreiben kann:

$$\gamma_\mu\gamma_\nu + \gamma_\nu\gamma_\mu = 2\delta_{\mu\nu} .$$

§ 24. Löchertheorie, Paar-Erzeugung und Paar-Vernichtung

Auf eine sehr wesentliche und tiefliegende Schwierigkeit der Diracschen Theorie sind wir bisher noch gar nicht eingegangen. Diese Schwierigkeit betrifft das *Auftreten von Zuständen negativer Energie*. Diese negative Energie kann nämlich nicht wie in der nichtrelativistischen Mechanik durch geeignete Wahl einer unwesentlichen Konstanten positiv gemacht werden, weil hier der Energienullpunkt durch die Ruhenergie festgelegt ist. Man kann auch nicht die Zustände negativer Energie der Diracschen Theorie negieren und für physikalisch sinnlos erklären wie in der klassischen relativistischen Mechanik. Es ist dies deshalb nicht möglich, weil es jetzt Prozesse gibt, bei denen ein Elektron von einem Zustand positiver in einen solchen negativer Energie übergeht, und man zeigen kann, daß die Wahrscheinlichkeit solcher Prozesse auf Grund der Dirac-Gleichung durchaus nicht Null ist. Es ist deshalb zunächst unverständlich, weshalb nicht sämtliche Elektronen längst in Zustände negativer Energie übergegangen sind. Elektronen negativer Energie sollten aber keine Elektronen im üblichen Sinne mehr sein: Sie haben ja eine negative Ruhenergie und auch eine negative kinetische Energie; man kann sagen, es seien Teilchen mit negativer Masse. Mit solchen Teilchen aber wissen wir zunächst nichts anzufangen.

Dirac hat selbst den Ausweg aus diesem Dilemma gezeigt. Er besteht darin, daß man annimmt, es seien normalerweise alle Zustände negativer Energie durch Elektronen besetzt (im Sinne des Pauli-Prinzips!), alle Zustände positiver Energie aber leer Diesen Zustand nennt man gewöhnlich *Vakuum*. Der Zustand „1 Elektron vorhanden" unterscheidet sich dann von obigem dadurch, daß 1 Elektron in einem Zustand positiver Energie hinzugekommen ist; die Zustände negativer Energie bleiben nach wie vor sämtlich besetzt. Die letzte Feststellung ist wesentlich, weil durch sie die Möglichkeit ausgeschlossen wird, daß das eine vorhandene normale Elektron in einen der Zustände negativer Energie übergeht (Pauli-Prinzip!).

Was bedeutet es nun, wenn alle Zustände negativer Energie bis auf einen besetzt und alle Zustände positiver Energie leer sind? Offenbar fehlt dann eine (negative) Elektronenladung und eine negative Elektronenmasse am Vakuum. Dafür kann man aber ebensogut sagen, es sei eine positive Ladung vom Betrag der Elektronenladung und eine positive Elektronenmasse zuviel fürs Vakuum vorhanden. Das heißt, das „Loch" in den Zuständen negativer Energie kann ebensogut als Teilchen von entgegengesetzter Ladung, aber positiver Masse aufgefaßt werden. Solche Teilchen kennen wir heute sehr wohl; wir nennen sie *Positronen*. Zu der Zeit, als *Dirac* die hier skizzierten Ansichten äußerte, waren Positronen aber noch nicht bekannt. *Dirac* postulierte sie auf Grund seiner „*Löchertheorie*", und bald darauf entdeckte sie *Anderson*.

Die eben skizzierte Löchertheorie liefert auch die Erklärung für die Seltenheit und kurze Lebensdauer der Positronen: Wenn irgendwo ein Positron auftaucht, so findet sich sehr bald eines der vielen stets vorhandenen Elektronen, das in der Lage ist, in das Loch negativer Energie „hineinzuspringen".[1]

Damit verschwinden zugleich ein Positron und ein Elektron, man spricht von *Paarvernichtung*. Die bei diesem Prozeß freiwerdende Energie (wegen der Zone verbotener Energie zwischen $E = +mc^2$ und $E = -mc^2$ mindestens vom Betrag $2mc^2$) wird größtenteils in elektromagnetische Strahlung umgesetzt. Umgekehrt kann genügend energiereiche elektromagnetische Strahlung (die Frequenz v der Strahlung muß $hv \geq 2mc^2$ genügen) unter geeigneten Bedingungen (s. Teil II) auch ein Elektron–Positron–Paar erzeugen:

Ein Elektron wird aus einem Zustand negativer Energie durch Absorption mindestens der Energie $2mc^2$ in einen Zustand positiver Energie befördert. Dabei entstehen gleichzeitig ein Loch, also ein Positron, und ein Elektron im üblichen Sinne dieses Wortes. Man vergleiche hierzu Abb. 24, die die Photographie einer Paarerzeugung wiedergibt.

Abschließend weisen wir noch darauf hin, daß eine strengere Formulierung der Löchertheorie naturgemäß nur in einer relativistischen Mehrteilchen-Quantentheorie gegeben werden kann, weshalb wir in Teil II auf diesen Gegenstand zurückkommen werden.

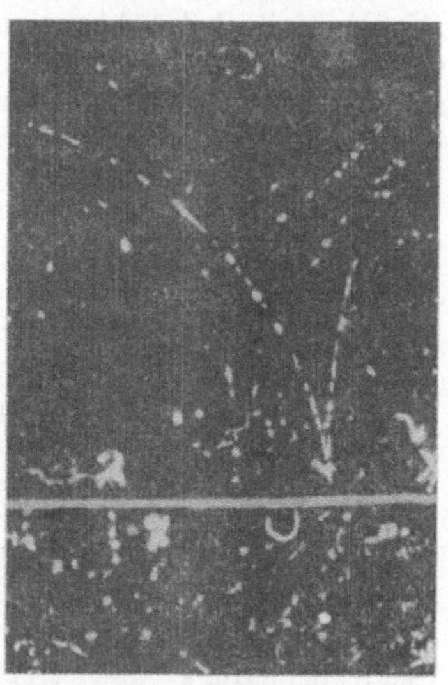

Abb. 24. Nebelkammeraufnahme der Erzeugung eines Elektron-Positron-Paares durch γ-Quanten (17,6 MeV)

---

1) Es kann dies nicht jedes Elektron; Genaueres vgl. Teil II.

ANHANG

Zwei Näherungsverfahren zur Lösung
der stationären Schrödinger-Gleichung

In den meisten praktisch vorkommenden Fällen kann man die Schrödinger-Gleichung eines vorliegenden Problems leider nicht exakt lösen, weil die mathematischen Komplikationen zu groß sind. Deshalb ist es sehr wichtig, Näherungsverfahren zu kennen, mit deren Hilfe man streng unlösbare Probleme wenigstens näherungsweise behandeln kann. Oft kommen diese Näherungen schon recht dicht an die exakte Lösung heran, so daß man in vielen Fällen wertvolle Informationen aus ihnen entnehmen kann. Wir ·besprechen im folgenden die Grundgedanken von zwei besonders häufig benutzten Näherungsmethoden zur Lösung der zeitfreien Schrödinger-Gleichung. Wegen Näherungsverfahren für die zeitabhängige Schrödinger-Gleichung vgl. z. B. [15] oder [19].

a) Schrödingers Störungstheorie für nichtentartete Terme

Wenn sich in der zu lösenden Schrödinger-Gleichung

$$H\varphi = E\varphi \tag{A.1}$$

der Hamilton-Operator H in zwei Teile zerspalten läßt:

$$H = H_0 + H', \tag{A.2}$$

so daß der Anteil H' als „klein relativ zu H_0" angesprochen und die Gleichung

$$H_0\varphi_0 = E_0\varphi_0 \tag{A.3}$$

exakt gelöst werden kann, dann ist die jetzt zu besprechende Methode anwendbar. (Die Kleinheit von H' ist so zu verstehen, daß die mit den φ_0 gebildeten Matrixelemente dieses Operators klein gegen die Differenzen benachbarter E_0-Werte sind.)
Man nennt das zu H_0 gehörige Problem „ungestörtes Problem"; H_0 heißt ungestörter Hamilton-Operator; H' nennt man meist kurz „Stör-Operator". $\varphi_{0,n}$, $E_{0,n}$ seien die (bekannten) Lösungen von (A.3); man nennt sie Eigenfunktionen bzw. Eigenwerte des

ungestörten Problems oder auch Eigenfunktionen und Eigenwerte nullter Näherung. Es ist für das Verfahren, welches wir besprechen, entscheidend, daß die $\varphi_{0,n}$ ein *vollständiges*, orthonormales Funktionensystem bilden (s. die Bemerkung am Schluß von § 10, S. 87); wir werden davon sogleich Gebrauch zu machen haben.

Für eine übersichtliche Durchführung der Rechnungen ist es vorteilhaft, einen „Störparameter" g einzuführen, welcher für die Kleinheit von H' verantwortlich ist; wir schreiben also

$$H' = g\,h', \tag{A.4}$$

wo jetzt der Operator h' nicht mehr klein zu sein braucht.

Nun ist es vernünftig anzunehmen, daß sich die strenge Lösung von (A.1) als Potenzreihe in g schreiben läßt:

$$\varphi\,(\mathfrak{r}) = \sum_{\lambda=0}^{\infty} g^\lambda\,\varphi_\lambda\,(\mathfrak{r}), \tag{A.5}$$

$$E = \sum_{\lambda=0}^{\infty} g^\lambda\,E_\lambda.$$

$\varphi_0(\mathfrak{r})$ und E_0 sind natürlich die bekannten Lösungen von (A.3). Setzt man (A.5) in (A.1) ein, so erhält man

$$(H_0 + g\,h') \sum_{\lambda=0}^{\infty} g^\lambda\,\varphi_\lambda = \sum_\lambda \sum_{\lambda'} g^\lambda\,\varphi_\lambda\,g^{\lambda'}\,E_{\lambda'}. \tag{A.6}$$

Da wir Grund zu der Annahme haben, daß der Ansatz (A.5) nicht nur für einen einzigen Zahlenwert von g, sondern für einen gewissen endlichen Bereich von g-Werten (in der Umgebung von $g = 0$) gilt, können wir in (A.6) die Glieder mit gleicher g-Potenz gesondert betrachten (Koeffizienten-Vergleich). Das liefert ein Gleichungssystem folgender Art:

$$H_0\,\varphi_0 = E_0\,\varphi_0,$$
$$H_0\,\varphi_1 + h'\,\varphi_0 = E_0\,\varphi_1 + E_1\,\varphi_0, \tag{A.7}$$
$$H_0\,\varphi_2 + h'\,\varphi_1 = E_0\,\varphi_2 + E_1\,\varphi_1 + E_2\,\varphi_0 \quad \text{usw.}$$

Die erste dieser Gleichungen stimmt mit (A.3) überein, ist also schon als gelöst zu betrachten (nullte Näherung). Die zweite enthält als Unbekannte E_1 und φ_1, also wird sie es erlauben, diese Größen (Energien und Eigenfunktionen in erster Näherung) zu bestimmen.

Für die weitere Rechnung greifen wir irgendeinen als nichtentartet vorausgesetzten der Zustände nullter Näherung heraus und betrachten seine Änderung infolge der Störung H'. Es sei der Zustand $\varphi_{0,m}$ mit der Energie $E_{0,m}$ herausgegriffen. Sodann entwickeln wir $\varphi_1(\mathfrak{r})$ nach dem vollständigen Funktionensystem der $\varphi_{0,n}(\mathfrak{r})$. Das heißt, wir gehen in die zweite der Gln. (A.7) mit dem Ansatz

$$\varphi_0 = \varphi_{0,m}, \qquad\qquad E_0 = E_{0,m},$$
$$\varphi_0(\mathfrak{r}) = \sum_n a_n \varphi_{0,n}(\mathfrak{r}), \qquad E_1 = E_{1,m} \qquad\qquad \text{(A.8)}$$

ein, wo jetzt $E_{1,m}$ und die a_n als Unbekannte zu betrachten sind. Die bezeichnete Gleichung geht mit (A.8) über in

$$\sum_n a_n H_0 \varphi_{0,n} + h' \varphi_{0,m} = E_{0,m} \sum_n a_n \varphi_{0,n} + E_{1,m} \varphi_{0,m}. \qquad \text{(A.9)}$$

Hier kann man im ersten Term links gemäß (A.3) $H_0 \varphi_{0,n} = E_{0,n} \varphi_{0,n}$ setzen. Sodann multiplizieren wir (A.9) mit der Funktion $\varphi_{0,l}^*(\mathfrak{r})$ von links und integrieren die ganze Gleichung über $\mathfrak{r}$. Wegen der Orthonormalität der $\varphi_{0,n}$ bleibt dann nur übrig

$$a_l(E_{0,m} - E_{0,l}) + E_{1,m} \delta_{lm} = \int \varphi_{0,l}^* h' \varphi_{0,m} d^3\mathfrak{r}. \qquad \text{(A.10)}$$

Die rechte Seite von (A.10) können wir in unserer Matrix-Schreibweise auch als h'_{lm} bezeichnen. Es ist das Matrixelement der Störung h' zwischen den Zuständen $\varphi_{0,l}$ und $\varphi_{0,m}$.
Die Lösung von (A.10) lautet

$$E_{1,m} = h'_{mm}, \qquad\qquad\qquad\qquad\qquad \text{(A.11)}$$

$$a_l = \frac{h'_{lm}}{E_{0,m} - E_{0,l}} \ (l \neq m). \qquad\qquad \text{(A.12)}$$

Damit haben wir die Störenergie und die Störung der Eigenfunktion für den Term $E_{0,m}$ in erster Näherung berechnet. Wir unterstreichen besonders das wichtige Resultat, daß nach (A.11) die Störung des Energieniveaus $E_{0,m}$ einfach das Matrixelement des Störoperators h' ist, gebildet mit der *ungestörten* Eigenfunktion $\varphi_{0,m}$ des betrachteten Termes. Das hat große praktische Konsequenz, weil man also zur Berechnung der Energiestörung erster Ordnung nur die Eigenfunktion nullter Ordnung benötigt![1]

---

1) Die Störungstheorie wurde oben der Einfachheit halber für ein Einteilchen-System formuliert. Beim Übergang zu einem Mehrteilchen-System sind $\mathfrak{r}$ und $d^3\mathfrak{r}$ durch die entsprechenden Mehrteilchen-Ausdrücke zu ersetzen.

Auf ganz ähnliche Weise kann man die höheren Näherungen durch Lösung der weiteren Gleichungen von (A. 7) bestimmen. Vgl. hierzu z. B. [15].

b) Schrödingers Störungstheorie für entartete Terme

Das im Anhang 1a) entwickelte Verfahren versagt für solche Terme, welche in nullter Näherung entartet sind. Das erkennt man z. B. daran, daß in solchen Fällen in (A.12) diejenigen Koeffizienten a_l, für welche $E_{0,m} = E_{0,l}$ ist, unendlich groß werden. Dann ist also φ_1 keinesfalls mehr eine kleine Abänderung von φ_0, was ja aber vorausgesetzt war.

Der Umstand, daß in der Entwicklung (A. 8) von φ_1 diejenigen Summanden unendlich groß werden, welche den in nullter Näherung mit dem betrachteten Term $E_{0,m}$ entarteten Zuständen entsprechen, gibt uns schon einen Fingerzeig zur Überwindung der Schwierigkeit: Bei der Betrachtung der Störung eines in nullter Näherung entarteten Energieniveaus genügt es offenbar nicht, in nullter Näherung nur eine der miteinander entarteten Eigenfunktionen zu verwenden. In einem solchen Falle muß offenbar die nullte Näherung der Eigenfunktion eine Überlagerung aller zum selben Energieterm gehörigen Lösungen von (A.3) sein. Wir werden also zu folgendem Verfahren geführt: Die Gleichungen (A.1) bis (A. 7) bleiben unverändert; aber anstelle von (A.8) hat man folgenden Ansatz zu verwenden:

$$\varphi_0^{\cdot}(\mathfrak{r}) = \sum_{\nu} \alpha_{\nu}\, \varphi_{0,m,\nu}(\mathfrak{r}), \quad E_0 = E_{0,m},$$

$$\varphi_1(\mathfrak{r}) = \sum_{n} a_n \varphi_{0,n}. \tag{A.13}$$

Hier sind mit $\varphi_{0,m,\nu}$ alle zu $E_{0,m}$ gehörigen Eigenfunktionen nullter Näherung bezeichnet; die Summe ν läuft über alle diese Funktionen; die α_{ν} sind unbekannte Koeffizienten. Mit (A.13) geht man wieder in die zweite der Gleichungen (A.7) ein und erhält

$$(\boldsymbol{H}_0 - E_{0,m})\, \varphi_1 = -(\boldsymbol{h}' - E_{1,m}) \sum_{\nu} \alpha_{\nu}\, \varphi_{0,m,\nu}. \tag{A.14}$$

Das ist eine inhomogene Differentialgleichung für φ_1. Damit sie von Null verschiedene Lösungen besitzt, müssen alle Lösungen der zugehörigen homogenen Gleichung zu der Inhomogenität (das ist die rechte Seite von (A. 14)) orthogonal sein (vgl. z. B. [14]).

Die Lösungen der homogenen Gleichung

$$(H_0 - E_{0,m})\, \varphi = 0$$

sind aber gerade die zu $E_{0,m}$ gehörigen Funktionen $\varphi_{0,m,\nu}$. Also ist (A.14) nur lösbar, wenn die $n+1$ Gleichungen

$$\sum_{\nu=0}^{n} \int \varphi_{0,m,\mu}^{*}(\mathfrak{r})\, (h' - E_{1,m})\alpha_{\nu}\varphi_{0,m,\nu}(\mathfrak{r})\, d^3\mathfrak{r} = 0$$

$$(\mu = 0, \ldots, n)$$

erfüllt sind (n ist der Entartungsgrad des Termes $E_{0,m}$). Unter Beachtung der Orthonormalität der $\varphi_{0,m,\nu}$ kann man dafür auch schreiben[1])

$$\sum_{\nu} (h'_{\mu\nu} - E_{1,m}\delta_{\mu\nu})\,\alpha_{\nu} = 0. \qquad (A.15)$$

Das ist ein lineares homogenes Gleichungssystem für die $n+1$ unbekannten Koeffizienten α_{ν}. Ein solches System hat bekanntlich nur dann von Null verschiedene Lösungen, wenn die Koeffizientendeterminante verschwindet. Wir müssen also fordern

$$\| h'_{\mu\nu} - E_{1,m}\delta_{\mu\nu} \| = 0. \qquad (A.16)$$

(A.16) nennt man *Säkulargleichung*[2]). Offensichtlich ist $E_{1,m}$ die einzige Unbekannte in der Gleichung (A.16); deshalb stellt (A.16) eine Bestimmungsgleichung für $E_{1,m}$ dar. Und zwar handelt es sich um eine algebraische Gleichung $(n+1)$-ten Grades für die Änderung $E_{1,m}$ des Energieniveaus $E_{0,m}$. Sie hat im allgemeinen $n+1$ verschiedene Wurzeln, eben die Energiestörungen erster Ordnung. Zu jeder Wurzel gibt es ein System von Koeffizienten α_{ν} und a_n, also eine Eigenfunktion nullter bzw. erster Ordnung. Wenn die Lösungen von (A.16) alle voneinander verschieden sind, sagt man, daß die Entartung durch die Störung h' aufgehoben wurde. Dann kann die Störungsrechnung in den höheren Ordnungen so wie unter 1a) skizziert durchgeführt werden.

Es gibt aber auch Fälle, bei denen die Entartung durch eine spezielle Störung nicht (oder nur teilweise) aufgehoben wird. Den dann einzuschlagenden Weg entnehme der Leser einem Lehrbuch der Quantenmechanik, etwa [15], [18] oder [19].

---

1) Hier ist wieder die Abkürzung $h'_{\mu\nu} = \int \varphi_{0,m,\mu}^{*}(\mathfrak{r})\, h'\, \varphi_{0,m,\nu}(\mathfrak{r})\, d^3\mathfrak{r}$ verwendet worden.

2) Diese Bezeichnung stammt aus der Astronomie, wie überhaupt die gesamte Schrödingersche Störungstheorie der klassischen himmelsmechanischen Störungstheorie nachgebildet ist.

Es sei noch darauf hingewiesen, daß die in den Anhängen 1a) und 1b) enthaltenen Gleichungen in dieser Form nur für Systeme mit diskretem Energiespektrum gelten. Die Schrödingersche Störungstheorie läßt sich aber (mit nur geringen Änderungen) auch für Systeme mit kontinuierlichem oder teilweise kontinuierlichem Energiespektrum formulieren.

c) Variationsmethode

Natürlich gibt es viele Fälle, in denen die Störungsreihe zu langsam konvergiert. Oder es gibt Fälle, in denen es überhaupt nicht möglich ist, den Hamilton-Operator H sinnvoll in einen ungestörten (exakt lösbaren) Anteil H_0 und eine (kleine) Störung zu zerlegen. In solchen Fällen hilft oft die Variationsmethode weiter, falls man sich nur für den Grundzustand und einige wenige zum Grundzustand benachbarte Zustände interessiert. Wir geben hier eine kurze Begründung dieser Methode.
Wir wollen den Erwartungswert des (vollständigen) Hamilton-Operators H berechnen:

$$\overline{H} = \int \varphi^* (\mathfrak{r}) \, H \, \varphi (\mathfrak{r}) \, d^3 \mathfrak{r} . \qquad (A.17)$$

Die noch ganz willkürliche Funktion $\varphi (\mathfrak{r})$ denken wir uns nach dem System der Eigenlösungen φ_n von H entwickelt; wir schreiben also

$$\varphi (\mathfrak{r}) = \sum c_n \varphi_n (\mathfrak{r}), \qquad (A.18)$$

wo die φ_n die Gleichung

$$H \varphi_n = E_n \varphi_n \qquad (A.19)$$

befriedigen sollen.[1]
Gehen wir mit (A.18) in (A.17) ein und beachten (A.19) sowie die Orthonormalität der φ_n, so erhalten wir

$$\overline{H} = \sum_n E_n c_n^* c_n .$$

Ist nun E_0 der Grundzustand des Systems, so gilt offensichtlich $E_n \geqq E_0$. Also gilt auch

$$\overline{H} \geqq E_0 \sum_n c_n^* c_n .$$

---

1) Es ist aber nicht erforderlich, daß wir die φ_n, E_n explizit kennen! Es genügt zu wissen, daß sie ein vollständiges Orthonormalsystem bilden!

Oben haben wir gesehen, daß $\sum c_n{}^* c_n = \int \varphi^* \varphi \, d^3\tau$ ist. Also erhalten wir die Gleichung

$$E_0 \leqq \frac{\int \varphi^* H \varphi \, d^3\tau}{\int \varphi^* \varphi \, d^3\tau}. \qquad (A.\,20)$$

Dies ist schon die Grundgleichung des Variationsverfahrens in ihrer einfachsten Form. Sie gilt (ihrer Herleitung nach) für beliebige Funktionen φ, welche sich in der Form (A.18) schreiben lassen. Beschränken wir uns auf normierte φ, dann können wir sagen, daß der Erwartungswert von H stets größer ist als die Energie des Grundzustands; er kann höchstens mit der Grundzustandsenergie zusammenfallen (wenn nämlich gerade $\varphi = \varphi_0$ ist). $\bar{H}$ kann aber niemals kleiner als E_0 sein.

Gleichung (A.20) kann man folgendermaßen verwenden, um einen Näherungsausdruck für E_0 zu ermitteln: Wähle eine Funktion φ aus, welche die durch (A.18) gestellten Bedingungen erfüllt und von der man annehmen darf, daß sie den exakten Grundzustand φ_0 möglichst gut annähert. Statte diese Funktion mit einigen freien Parametern $\lambda_1, \ldots, \lambda_n$ aus. Berechne dann mit diesem φ den Erwartungswert von H als Funktion der Parameter $\lambda_1, \ldots, \lambda_n$. Variiere diese Parameter so lange, bis $\bar{H}$ als Funktion von $\lambda_1, \ldots, \lambda_n$ ein absolutes Minimum annimmt. Dieses $\bar{H}_{\text{Min}}$ ist dann eine obere Schranke für E_0, denn es gilt ja auch

$$E_0 \leqq \bar{H}_{\text{Min}}.$$

Je nachdem, wie geschickt der Rechner φ auswählt, ist die errechnete Größe $\bar{H}_{\text{Min}}$ eine mehr oder weniger gute Näherung für E_0. Diese Methode läßt sich (nach leichter Abänderung) auch auf die ersten angeregten Zustände anwenden. Vergleiche hierzu die im Literaturverzeichnis angegebenen ausführlichen Lehrbücher. Wir erwähnen nur, daß die Variationsmethode für die angeregten Zustände rasch anwachsende Fehler deshalb gibt, weil der Fehler bei der Berechnung der tiefer liegenden Zustände in die Rechnungen für die höheren Zustände ungünstig eingeht. Deshalb ist die Methode praktisch nur für den Grundzustand und ganz wenige erste Anregungszustände brauchbar.

Außerordentlich häufig wird die Variationsmethode bei der Berechnung des Grundzustandes von Mehrteilchen-Systemen verwendet. Sie hat sich sowohl bei Atomen als auch bei Molekülen, bei Festkörpern und sogar bei Atomkernen sehr bewährt. Die berühmten und aus der Theorie vieler Teilchen nicht mehr wegzudenkenden Gleichungen von *Hartree* und *Hartree-Fock* beruhen auf der Variationsmethode.

Die Fragestellung ist dabei die, daß diejenigen Einteilchenfunktionen gesucht sind, mit denen sich die (in Strenge natürlich nicht separierbare) Mehrteilchenfunktion des Grundzustandes am besten annähern läßt. Genaueres hierüber findet man in den Lehrbüchern der Quantenmechanik.

Sehr häufig wird das Variationsverfahren in der Form angewendet, daß als Näherungsfunktion φ_k eine Linearkombination einer endlichen Anzahl bekannter Wellenfunktionen φ_{kj} (kein vollständiger Satz von Eigenfunktionen wie in (A.18)) angesetzt wird und die Koeffizienten c_j der Linearkombination als Variationsparameter angesehen werden.

Das heißt, man schreibe

$$\varphi_k = \sum_{j=1}^{N} c_j \, \varphi_{kj} \, . \tag{A.21}$$

Der Erwartungswert der Energie ist dann

$$E_k = \frac{\int \varphi_k^* \, H \, \varphi_k \, d\tau}{\int \varphi_k^* \, \varphi_k \, d\tau} \, , \quad d\tau = d^3 \mathfrak{r}_1 \, d^3 \mathfrak{r}_2 \cdots d^3 \mathfrak{r}_N ,$$

was gleichbedeutend ist mit

$$E_k \sum_{j,l} c_j^* c_l \int \varphi_{kj}^* \varphi_{kl} \, d\tau = \sum_{j,l} c_j^* c_l' \int \varphi_{kj}^* H \, \varphi_{kl} \, d\tau$$

oder, bei Verwendung der Abkürzungen

$$S_{jl} \int \varphi_{kj}^* \varphi_{kl} \, d\tau \quad \text{und} \quad H_{jl} = \int \varphi_{kj}^* H \, \varphi_{kl} \, d\tau ,$$

mit

$$E_k \sum_{j,l} c_j^* \, c_l \, S_{jl} = \sum_{j,l} c_j^* \, c_l \, H_{jl} \, .$$

Variation der c_j^* ergibt

$$\sum_{j,l} \{ c_l H_{jl} - E_k c_l S_{jl} \} \, \delta c_j^* = 0,$$

woraus folgt

$$\sum_{l=1}^{N} c_l \, \{ H_{jl} - E_k S_{jl} \} = 0 \quad \text{für } j = 1, 2, \ldots, N. \tag{A.22}$$

Dieses Gleichungssystem ist nur lösbar, wenn die Determinante

$$\| H_{jl} - E_k S_{jl} \| = 0 \tag{A.23}$$

ist. In (A.22) und (A.23) sind wir also wieder zur Säkulardeterminante gelangt.

LITERATURVERZEICHNIS

[1] *Born, M.*, Vorlesungen über Atommechanik, Bd. I. Berlin 1925.
[2] *Hund, F.*, Linienspektren und Periodisches System der Elemente. Berlin 1927.
[3a] —, Einführung in die theoretische Physik, Bd. V. Leipzig 1951.
[3b] —, Einführung in die theoretische Physik, Bd. IV. Leipzig 1950.
[4] *Sommerfeld, A.*, Atombau und Spektrallinien, Bd. I. Braunschweig 1952.
[5] *von Laue, M.*, Röntgenstrahl-Interferenzen. Leipzig 1948.
[6a] *Sommerfeld, A.*, Vorlesungen über theoretische Physik, Bd. IV. Leipzig 1959.
[6b] —, Vorlesungen über theoretische Physik, Bd. VI. Leipzig 1962.
[7] *Schpolski, E. W.*, Atomphysik, Teil I. Berlin 1962.
[8] *Flügge, S.*, und *A. Krebs*, Experimentelle Grundlagen der Wellenmechanik. Dresden 1936.
[9] *Schrödinger, E.*, Statistische Thermodynamik. Leipzig 1952.
[10] *von Laue, M.*, Materiewellen und ihre Interferenzen. Leipzig 1948.
[11] *Hund, F.*, Materie als Feld. Berlin 1954.
[12] *Iwanenko, D.*, und *A. Sokolow*, Klassische Feldtheorie. Berlin 1953.
[13] *Achieser, N. I.*, und *I. M. Glasmann*, Theorie der linearen Operatoren im Hilbert-Raum. Berlin 1954.
[14] *Courant, R.*, und *D. Hilbert*, Methoden der mathematischen Physik, Bd. I. Berlin 1931.
[15] *Sommerfeld, A.*, Atombau und Spektrallinien, Bd. II. Braunschweig 1953.
[16] *Flügge, S.*, und *H. Marschall*, Rechenmethoden der Quantentheorie, Teil I. Berlin 1952.
[17] *Born, M.*, und *P. Jordan*, Elementare Quantenmechanik. Berlin 1930.
[18] *Ludwig, G.*, Die Grundlagen der Quantenmechanik. Berlin 1954.
[19] *Pauli, W.*, Die allgemeinen Prinzipien der Wellenmechanik. In: Handbuch der Physik, Bd. 24, 1. Berlin 1933, oder: Handbuch der Physik, Bd. V, 1, Berlin, Göttingen, Heidelberg 1958.

Ferner seien folgende deutschsprachigen Werke über Quantenmechanik empfohlen:

Dawydow, A. S., Quantenmechanik (Übers. a. d. Russ.). Berlin 1967.
Döring, W., Einführung in die Quantenmechanik, 3. Aufl. Göttingen 1964.
Fick, E., Einführung in die Grundlagen der Quantentheorie. Frankfurt am Main 1968.
Flügge, S., Lehrbuch der theoretischen Physik, Band IV. Berlin, Göttingen, Heidelberg 1964.

Franz, W., Quantentheorie. Berlin, Heidelberg, New York 1970.
Gombas, P., und *D. Kisdi*, Einführung in die Quantenmechanik und ihre Anwendungen, Berlin 1970.
Landau, L. D., und *E. M. Lifschitz*, Lehrbuch der theoretischen Physik, Bd. III (Übers. a. d. Russ.), 3. Aufl. Berlin 1967.
Macke, W., Quanten, 3. Aufl. Leipzig 1965.
Sokolow, A. A., *Ju. M. Loskutow* und *I. M. Ternow*, Quantenmechanik (Übers. a. d. Russ.). Berlin 1964.
Süssmann, G., Einführung in die Quantenmechanik, Band I: Grundlagen. Mannheim 1963.

NAMENVERZEICHNIS

SACHVERZEICHNIS

BILDQUELLEN

Becker/Sauter, Theorie der Elektrizität

Neubearbeitet von F. SAUTER

Band I. Einführung in die Maxwellsche Theorie, Elektronentheorie, Relativitätstheorie

19., überarbeitete Auflage. 302 Seiten mit 76 Bildern. Ln. DM 36,–
[Verlags-Nr. 3006]

Inhaltsübersicht: Einführung in die Vektor- und Tensorrechnung / Das elektrostatische Feld / Der elektrische Strom und das magnetische Feld / Die allgemeinen Grundgleichungen des elektromagnetischen Feldes / Relativitätstheorie / Übungsaufgaben mit Lösungen / Formelzusammenstellung

Band II. Einführung in die Quantentheorie der Atome und der Strahlung

10., überarbeitete Auflage. 285 Seiten mit 72 Bildern. Ln. DM 38,–
[Verlags-Nr. 3007]

Inhaltsübersicht: Die klassischen Grundlagen der Elektronentheorie / Grundlagen der Quantenmechanik / Einelektronen-Probleme / Mehrelektronen-Probleme / Theorie der Strahlung / Relativistische Theorie des Elektrons / Lösungen der Übungsaufgaben

Band III. Elektrodynamik der Materie

455 Seiten mit 68 Bildern. Ln. DM 68,– [Verlags-Nr. 3008]

Inhaltsübersicht: Grundlagen der Theorie des Elektrons in der Materie / Die elektrischen und optischen Eigenschaften der Materie / Die magnetischen Erscheinungen der Materie / Die Elektrizitätsleitung in Festkörpern / Ausgewählte Probleme der Plasmaphysik / Lösungen der Aufgaben

Preisänderungen vorbehalten

B. G. Teubner Stuttgart

Teubner Studienbücher

Die Paperbackreihe mit einführenden und weiterführenden Lehrbüchern für das Studium, zur Vorlesung, zur Prüfungsvorbereitung, zur Weiterbildung

Jaeger/Wenke: **Lineare Wirtschaftsalgebra**

Band 1 XVI, 174 Seiten. DM 14,—
Band 2 IV, 160 Seiten. DM 14,—

Kochendörffer: **Determinanten und Matrizen**

VI, 148 Seiten. DM 12,80
Vertrieb nur in der BRD und West-Berlin

Lautz: **Elektromagnetische Felder**

Ein einführendes Lehrbuch. 180 Seiten. DM 13,80

Magnus: **Schwingungen**

Eine Einführung in die theoretische Behandlung von Schwingungsproblemen. 2. Auflage. 251 Seiten. DM 16,80

Mayer-Kuckuk: **Physik der Atomkerne**

Eine Einführung. 288 Seiten. DM 17,80

Stiefel: **Einführung in die numerische Mathematik**

Eine Darstellung unter Betonung des algorithmischen Standpunktes. 257 Seiten. DM 16,80

Stummel/Hainer: **Praktische Mathematik**

ca. 300 Seiten. ca. DM 25,—

Walcher: **Praktikum der Physik**

2. Auflage. ca. 370 Seiten. DM 19,80

Preisänderungen vorbehalten